LA SCIENCE
EN PARTAGE

PHILIPPE KOURILSKY

LA SCIENCE EN PARTAGE

EDITIONS
ODILE JACOB

15, RUE SOUFFLOT, 75005 PARIS
INTERNET : http://www.odilejacob.fr

ISBN : 2-7381-0585-8

L'homme qui est dirigé par la Raison est plus libre dans la cité où il vit selon le décret commun, que dans la solitude où il n'obéit qu'à lui-même.

SPINOZA

À
Antoine
Nicolas
Raphaël
Aurélia
Alexandre

REMERCIEMENTS

Cet ouvrage doit beaucoup à mon épouse, Caroline, qui par ses critiques constructives et patientes m'a considérablement aidé. J'ai une grande dette envers Viviane Caput qui a procédé aux nombreuses mises en forme. Je remercie tous ceux qui de façon fraternelle, confraternelle et toujours amicale m'ont prodigué avis, informations et conseils.

Introduction

LA DIFFICILE MÉDIATION SCIENTIFIQUE

La conviction est largement répandue que la science et la technique, et les innovations qui en découlent, constituent des enjeux de société majeurs. Pourtant, on doit constater que le public, dans sa grande majorité, est généralement peu informé, souvent mal informé et, parfois, désinformé.

En tant que biologiste, j'ai été depuis longtemps frappé par les distorsions de sens que j'observais fréquemment lors de la transmission d'informations de nature scientifique ou technique au grand public. Comme beaucoup, j'ai d'abord vu là une difficulté de communication liée à la mise en forme des faits de science afin de les rendre accessibles aux non-scientifiques. Mais, constatant la persistance, sur de longues périodes de temps, de malentendus sérieux, j'en suis venu à aborder la question sous un angle différent. J'ai résolu de sélectionner plusieurs cas de déviations notoires et d'en effectuer une lecture comparée en mettant en parallèle mes connaissances et mon expérience de scientifique avec les versions « grand public » produites par les grands médias. Ces dernières peuvent être appréhendées soit de façon directe, grâce, par exemple, à des articles de presse, soit de façon indirecte, par les réactions de l'opinion, dont les médias rendent compte, et qui fournissent une indication sur l'impact de l'information en tant que telle, mais aussi sur la façon dont elle a été formulée.

J'ai donc choisi de me comporter en pathologiste, traitant en quelque sorte chaque cas comme un épisode maladif des systèmes de transfert d'information. Cette façon de s'intéresser à l'« anormal » plutôt qu'au « normal » est habituelle en science. L'étude d'une maladie renseigne souvent, et de façon efficace, sur la physiologie de l'organisme, mais sans la dévoiler tout entière. Cette approche ne peut donc que produire des aperçus et ouvrir des pistes de réflexion. On notera, au plan de la méthode, que l'importance de la perturbation elle-même est sans rapport avec la qualité des renseignements que l'on peut acquérir sur le système. C'est pourquoi on ne devra pas s'étonner de trouver côte à côte, au nombre des événements que j'ai retenus comme déviants, des faits plutôt anecdotiques comme la « mémoire de l'eau » et d'autres aussi graves que ceux qui sous-tendent le drame du sang contaminé. Ma profession de biologiste m'a amené à participer de près ou de loin à certains des événements que j'ai choisis de rapporter. Cela me confère une certaine assurance dans la connaissance et l'appréciation des faits, sans fournir de légitimité particulière aux jugements qu'ici et là je porte sur telle ou telle situation, et pour laquelle je pourrais être juge et partie. Je ne fais que proposer mon point de vue au lecteur. Mon but aura été atteint si cet ouvrage sème quelques questions dans son esprit. Au demeurant, je déborde largement de mes compétences professionnelles strictes. J'ai conscience, ce faisant, de rejoindre cette catégorie des scientifiques qui, de façon parfois irritante, vont errer dans des espaces où ils n'ont ni toutes les connaissances ni l'expertise requises, empiétant sur des territoires déjà labourés par d'autres. Si, néanmoins, je m'y aventure, c'est que je suis encore et toujours animé par la conviction que toute réflexion de bonne foi, et notamment sur le statut de la science, vaut d'être partagée, si elle est modestement offerte comme une contribution à un débat et non comme la révélation de vérités jusqu'ici cachées. Car, encore et toujours, l'enjeu essentiel reste bien, pour tous, de gérer ce patrimoine croissant de connaissances et de techniques pour le meilleur usage et non pour le pire.

Partant de phénomènes parfois ponctuels, et de ce qui aurait pu être compris comme relevant de la problématique habituelle de la « vulgarisation » scientifique, je suis parvenu à des interrogations plus complexes sur les flux d'informations entre le milieu scientifique, les médias et le public. Les médias en sont évidemment la plaque tournante et le lieu d'interrogation majeur. J'ai donc, après avoir tracé à grands traits les perspectives de la biologie contemporaine, procédé à l'étude d'une série de cas, sélectionnés comme exemplaires de glissements de sens. Je dois souligner d'emblée que ce choix reflète un jugement personnel et qu'il existe en outre un biais très significatif dans mes sources [1]. Ayant constaté, cas après cas, que mes observations et remarques critiques étaient convergentes, je les ai ensuite rassemblées pour discuter de façon plus générale, d'une part, le rôle des différents acteurs, y compris, et surtout, celui des médias et, de l'autre, les problèmes liés à l'innovation et aux risques technologiques. Ceux-ci apparaissent en effet comme la clé de voûte d'un ensemble d'éléments où se dessinent deux enjeux : d'un côté, leur gestion conditionne une partie de l'avenir des sociétés mais, de l'autre, elle est aussi conditionnée par une amélioration de l'information citoyenne et une évolution des systèmes démocratiques qui permettent de mieux les intégrer.

Chapitre premier

NAISSANCE D'UNE NOUVELLE SCIENCE

Puisque nos études de cas sont liées à des phénomènes d'ordre biologique, il est utile de dresser un bref tableau de la biologie contemporaine. Celle-ci est largement pénétrée par la génétique moléculaire. Fille de la biologie moléculaire, qui apparut dans les années 1950 et s'épanouit dans les années 1960, la génétique moléculaire naquit en 1972-1975 avec l'invention du génie génétique. Corpus de connaissances en expansion très rapide, source d'applications potentielles multiples, elle est devenue – pour un temps – le moteur le plus productif de la biologie contemporaine et concentre sur elle la plupart des interrogations et des craintes.

L'émergence du génie génétique

L'un des actes fondateurs de la biologie moderne fut l'élucidation de la structure de l'ADN. Les gènes avaient été conçus puis identifiés, au prix d'un remarquable effort analytique, comme des « atomes » de déterminisme génétique. Mais leur nature moléculaire était inconnue. On les crut un moment faits de protéines, puis on en vint à imaginer que les protéines étaient produites par les gènes, tandis que ces derniers étaient faits d'ADN. Lorsqu'en 1953 des cristallographes, que la complexité réputée insondable de l'ADN n'avait pas rebutés, démontrèrent qu'il est formé de deux hélices complémentaires, tout devint lumineux. En recopiant chacune des hélices, on obtenait deux hélices identiques à la première et cela expliquait comment les gènes pouvaient être dupliqués et transmis à la descendance. On entrevit aussi qu'un gène pouvait donner naissance à une copie instable, l'ARN messager, qui sortait du noyau de la cellule où sont localisés les chromosomes, pour migrer dans le cytoplasme où sont synthétisées les protéines. Il n'était donc pas nécessaire que tous les gènes soient simultanément en activité : seul le sous-ensemble utile à un instant et dans un environnement donnés était exprimé. D'où, après la découverte de l'ARN messager en 1961, l'identification, en 1965, des premiers mécanismes de régulation génétique [1]. Mais comment les gènes dirigent-ils la synthèse des protéines ? Les gènes sont constitués de quatre éléments, quatre bases désignées A, T, G et C. (A et T, ainsi que G et C sont physiquement complémentaires et appariés dans la double hélice.) Les milliers de lettres enchaînées les unes à la suite des autres dans l'un ou l'autre brin de la double hélice constituent une séquence porteuse de sens. Les chromosomes sont des chapelets de gènes, ponctués de signaux qui en marquent le début et la fin. Ces séquences sont recopiées en ARN messagers et ceux-ci sont décodés en protéines. Ces dernières sont constituées par l'enchaînement d'acides aminés qui sont au nombre de vingt. Ce sont des groupes de trois bases adjacentes, des triplets, qui spécifient tel ou tel des vingt acides aminés de sorte que ceux-ci sont enchaînés les uns aux autres selon un ordre dicté par la suite des triplets du gène. Ces découvertes étaient d'autant plus capitales qu'elles valent pour tout le monde vivant.

Il est important de mesurer combien les développements de la biologie ont été conditionnés par la disponibilité des outils d'analyse. On le comprendra aisément : les êtres vivants sont constitués d'un très grand nombre d'éléments, présents en petites quantités, qu'on ne peut identifier et étudier qu'avec des méthodes et des techniques sensibles, dotées d'un pouvoir de résolution élevé, qui produiront des signaux faibles qu'il faudra amplifier. Prenons le cas des gènes qui sont faits, en moyenne, de quelques milliers de bases (A, T, G et C). Les plus petits virus (comme le virus de l'hépatite B et le virus VIH-1) ne comprennent que quelques gènes. Les plus gros, quelques centaines : leur génome contient donc plusieurs centaines de milliers de paires de bases. Les bactéries possèdent en moyenne plusieurs milliers de gènes et leur génome est fait de plusieurs millions de paires de bases. Le génome d'une mouche (la drosophile) contient environ vingt mille gènes. Chacune des cellules d'un homme, d'un singe ou d'une souris héberge, pense-t-on, au moins cent mille gènes ; la taille de leur génome atteint trois milliards de paires de bases. Il n'y a plus proportionnalité entre le nombre de gènes et la taille du génome du fait de la présence de grandes quantités d'ADN qualifié d'« inutile ». Les gènes sur les chromosomes sont séparés par de vastes régions de cet ADN in-signifiant et la plupart des gènes sont interrompus, souvent de nombreuses fois, par de l'ADN inutile qui est éliminé, lorsque le gène est transcrit en ARN messager, par une mécanique qui restaure une séquence continue. Le génome de l'homme est constitué pour 90 à 95 % de cet ADN inutile et les génomes de certaines plantes et de certains protozoaires sont dix à cent fois plus gros que le génome de l'homme parce qu'ils en contiennent encore beaucoup plus.

En général, un gène code pour une seule protéine. Parce que tous les gènes ne sont pas exprimés simultanément, on estime qu'une bactérie contient plus d'un millier d'espèces protéiques différentes et une cellule humaine trente à quarante mille. Ces protéines sont synthétisées en quantités très variables et les moins abondantes ne sont présentes qu'à raison de quelques exemplaires par cellule. On imagine combien il est difficile de purifier les gènes ou les protéines. Un gène humain ne représente, en gros, qu'une partie pour un million dans l'ADN de l'homme. Un facteur de purification similaire doit être appliqué pour les protéines peu abondantes. Face à des difficultés techniques que la plupart croyaient insurmontables, on comprend qu'au début des années 1970, dans beaucoup de domaines de la biologie qui avaient été fécondés par les concepts, le langage et les méthodes de la biologie moléculaire, un certain essoufflement devenait perceptible. Les modèles d'études s'étaient multipliés, débordant le champ des bactéries pour s'étendre aux êtres multicellulaires, de la mouche à la souris et à l'homme. On voulait comprendre comment ils se développent à partir d'une cellule originelle ; comment fonctionnent les muscles, le système nerveux, etc. [2]. Mais on ne parvenait à isoler que les protéines les plus abondantes et la purification des gènes était alors hors d'atteinte. Faute d'outils analytiques, il était impossible d'accéder aux éléments les plus spécifiques, les seuls qui puissent permettre de progresser en profondeur dans l'analyse de systèmes biologiques aussi divers que complexes.

L'émergence de méthodes générales permettant d'isoler n'importe quel gène et de purifier n'importe quelle protéine apparaît rétrospectivement comme une sorte de nécessité historique. Lorsque, par des procédés dont personne n'avait véritablement prévu le principe, la solution du problème émergea entre 1972 et 1975, il devait s'ensuivre une énorme explosion de connaissances. La clé fut l'invention du génie génétique dont j'ai décrit ailleurs les principes fondateurs [3]. Le premier d'entre eux consiste à « cloner » des fragments d'ADN, c'est-à-dire à multiplier un segment spécifique, ce que l'on apprit à faire en l'introduisant dans une bactérie et en cultivant cette dernière. Cela requiert que le fragment d'ADN soit accroché, « recombiné » à un véhicule qui prenne en charge sa réplication dans la bactérie lorsque celle-ci se divise, sans quoi il serait perdu au fil des divisions bactériennes. Il est donc critique de lier, par recombinaison *in vitro*, dans le tube à essai, le segment d'ADN à un petit chromosome bactérien (un plasmide) et d'introduire la molécule recombinante dans la bactérie. Les bactéries se multiplient très rapidement, de sorte qu'on obtient vite un clone de bactéries constituées de bactéries identiques à leur ancêtre et donc porteuses du fragment d'ADN que l'on va réextraire, cette fois en quantité suffisante pour pouvoir l'étudier. Or la même approche est porteuse d'un principe de purification : en effet, si, partant d'un mélange de fragments d'ADN, on fabrique par recombinaison *in vitro* une collection de molécules recombinantes liées au plasmide vecteur, on peut obtenir une collection de clones bactériens séparés les uns des autres et dont chacun porte un fragment d'ADN et un seul. La correspondance ainsi établie entre un ensemble de fragments et un ensemble de clones bactériens autorise la purification. Si on identifie le clone bactérien porteur du fragment d'intérêt, on l'aura effectivement extrait du mélange et purifié par une méthode génétique plutôt que physique. Et, disposant du clone que l'on peut indéfiniment multiplier, on dispose d'assez de matériel pour travailler.

C'est aussi en 1975 que se produisit un autre progrès méthodologique capital : on apprit à déterminer la séquence de courts segments d'ADN. On était, dès lors, en mesure de décrire les gènes comme des objets de structure chimiquement définie. De ce fait, ils devenaient aussi plus facilement et plus rationnellement manipulables. Ainsi, on pouvait, les ayant clonés dans une bactérie, faire en sorte qu'ils s'y expriment en abondance, de façon à permettre l'isolement non seulement des gènes mais des protéines rares qui jusqu'alors échappaient à toute analyse. Tous les ADN, qu'ils proviennent d'une bactérie, d'une plante ou d'un animal, ont la même structure. On peut donc accrocher n'importe quel bout d'ADN à un vecteur bactérien pour le cloner. Cet arsenal de méthodes générales fut complété par d'autres. On apprit, en 1975, à cloner des copies d'ADN de l'ARN messager. Dix ans plus tard, en 1985, on découvrit comment amplifier sélectivement des segments d'ADN *in vitro* sans avoir recours au clonage dans les bactéries. Vingt ans plus tard, en 1995, la séquence du génome de l'homme était en bonne voie. La plupart des branches de la biologie étaient irriguées par la génétique moléculaire née avec le génie génétique. D'immenses progrès étaient accomplis dans la compréhension de nombreux systèmes biologiques.

Le génie génétique, du point de vue heuristique, avait donc toutes les vertus. On comprit très vite, en outre, qu'il allait féconder non seulement la recherche biologique, mais aussi ses applications, regroupées sous le vocable de biotechnologies, fer de lance d'une bio-industrie aujourd'hui en pleine expansion. Mais ces mérites, pour éclatants qu'ils soient, avaient un revers : on pouvait craindre que le génie génétique ne soit dangereux. L'expérience qui concrétisa cette interrogation devait être menée dans un laboratoire américain où avait été préparée une molécule recombinante qui contenait l'ensemble des gènes du virus SV40 accrochés à un plasmide. Le virus SV40 provoque des tumeurs chez le singe *. La question était de savoir si l'introduction de la molécule recombinante dans la bactérie *E. coli* présentait un quelconque danger. Il pouvait s'agir d'un risque direct pour les expérimentateurs, qui serait de l'ordre de l'accident professionnel, s'il leur arrivait de se contaminer et si les gènes du virus étaient transmis à leurs cellules, risquant, peut-être, de provoquer une tumeur. On pouvait aussi imaginer un risque pour l'environnement, si les bactéries manipulées « s'échappaient » des laboratoires de recherche, dans les eaux usées par exemple, et colonisaient des écosystèmes

---

* Il y a effectivement des raisons de penser que SV40 peut être carcinogène chez l'homme, où il serait, notamment, associé à des mésenthéliomes. On se souvient qu'entre 1955 et 1963 le vaccin contre la poliomyélite était produit à partir de cellules de rein de singe infectées avec le virus. On ignorait à l'époque que les cellules de singe produisaient aussi du virus SV40, de sorte que des millions de personnes, aux États-Unis notamment, reçurent un vaccin polio contaminé par du SV40. Les études épidémiologiques, fort heureusement, ne montrèrent aucun accroissement mesurable du nombre de cancers. On se demande toutefois aujourd'hui si des cas de mésenthéliome observés tardivement pourraient avoir un lien avec la vaccination, mais cela reste spéculatif (Carbone *et al.*, *Oncogene, 15*, 1997, 1877-1888).

d'où elles pourraient infecter des hommes ou des animaux. Dans la pire des hypothèses, on pouvait redouter qu'elles ne propagent une épidémie de cancers née de la main de l'homme. En toute logique, cette interrogation sur les risques devait être étendue à de nombreux autres gènes, et même à des gènes encore inconnus qui, extraits de leur contexte génomique et transposés dans un autre, pourraient présenter une dangerosité inattendue. L'homme avait appris à transgresser les barrières d'espèces, à introduire, en principe, n'importe quel gène dans des bactéries et bientôt dans d'autres micro-organismes ou organismes. Fallait-il vraiment s'en féliciter ? ou craindre que des savants fous n'aient ouvert une boîte de Pandore qu'ils ne sauraient pas refermer ? Les biologistes se comportèrent de façon responsable. La molécule recombinante porteuse des gènes du virus SV40 resta au réfrigérateur sans être introduite dans les bactéries. En 1974, pour la première fois dans l'histoire des sciences, un groupe de onze biologistes américains appela à un moratoire mondial, demandant que l'on suspendît une partie des expériences en cours [4]. En février 1975, une conférence internationale eut lieu à Asilomar, en Californie, avec l'objectif de mieux cerner les risques de la technologie naissante.

J'ai décrit ailleurs l'ambiance à la fois excitante et confuse qui domina les débats [5]. Les uns étaient sceptiques, les autres convaincus de l'existence d'un risque mortifère et la plupart agités de pulsions contradictoires. On s'accorda néanmoins sur deux points : pour reconnaître que la réalité du risque était loin d'être prouvée, d'où l'emploi du terme de *risque potentiel*, et pour convenir qu'il n'y avait aucun autre moyen de progresser dans l'évaluation de la réalité ou de l'irréalité des risques que d'entreprendre des expériences à cette fin. Pour le reste, on établit une sorte de classification de bon sens des risques potentiels : il était forcément moins risqué d'introduire dans une bactérie un gène de fonction identifiée et dépourvu de toute activité nocive connue qu'un gène codant pour une toxine. Puis on se sépara. Nombre de biologistes n'étaient pas rassurés pour autant et certains restaient convaincus que les risques étaient gravissimes.

Dans le monde entier, la hiérarchie des précautions définies à Asilomar fut, en gros, appliquée [6]. Des comités nationaux furent mis en place à cet effet. Quelques laboratoires de sécurité furent aménagés. Ici et là, on évoqua la possibilité de légiférer et d'aménager un régime de sanctions. Toutefois, les expériences menées aux États-Unis dans des laboratoires de haute sécurité pour évaluer la dangerosité du génie génétique ne tardèrent pas à livrer des résultats négatifs. Dans le même temps, les techniques de génie génétique, qui répondaient à un besoin pressant de la recherche, avaient diffusé rapidement. Après quelques années, on assista, chez les chercheurs, à une érosion rapide de la notion et de la conscience d'un risque. Graduellement, avant même que les règles dites de sécurité ne fussent modifiées, leur application se fit plus molle. C'est que rien ne vint jamais conforter la réalité du risque. Au fond, et quoi que certains aient pu proclamer, il était clair que les expérimentateurs étaient les premiers exposés. Lorsque des centaines et bientôt des milliers, puis des dizaines de milliers de laboratoires eurent pratiqué ces technologies sans qu'elles aient provoqué le moindre désordre physiologique chez l'un quelconque des opérateurs, le risque apparut de plus en plus mince, et la communauté des biologistes en vint à le tenir pour inexistant ou négligeable. En fait, la logique s'inversa. Le consensus se fit parmi les chercheurs pour estimer que l'introduction de gènes « dangereux » dans une bactérie était susceptible de fournir un écran biologique protecteur. Il apparaît aujourd'hui beaucoup moins risqué pour l'expérimentateur de travailler avec des bactéries porteuses de gènes d'un virus dangereux qu'avec le virus lui-même. L'Organisation mondiale de la santé, après avoir promu et constaté l'éradication de la variole par la vaccination, a proposé, de façon symbolique, de détruire, en 1999, les stocks du virus de la variole qui sont conservés dans quelques laboratoires mais de garder les gènes viraux à l'état cloné.

Et pourtant, que la polémique fut vive pendant quelques années ! L'appel au moratoire de 1974 avait reçu une certaine publicité et une vingtaine de journalistes avaient été invités en 1975 à la conférence d'Asilomar, afin que les débats fussent mis sur la place publique. Nul sans doute n'avait prévu que les réactions auraient une telle ampleur et que la polémique prendrait, pour un temps, une allure agressive, presque violente [7]. Elle déborda le monde des biologistes qui, à l'origine partagé, se ressouda, deux ou trois ans plus tard, dans un consensus quasi total sur l'innocuité du génie génétique. Elle atteignit le grand public puis le monde politique. C'est de cette époque que date la connotation fortement négative associée à ce que l'on appelait alors les « manipulations génétiques ». Au bout de quelque temps, la polémique s'essouffla, pour ensuite rebondir et resurgir sous des formes diverses dont la plus visible est une contestation écologiste radicale des plantes génétiquement modifiées. On dispose aujourd'hui d'un peu de recul pour en apprécier non seulement les sinuosités, les arborescences, mais aussi les conséquences. Cela nous permettra plus loin d'établir un parallèle entre les progrès accomplis aux plans scientifique et technique et leur perception par le grand public. Nous pourrons ainsi repérer des biais, des torsions de sens, et tenter d'en comprendre les raisons.

L'essor de la génétique moléculaire

En tant que corps de méthodes, le génie génétique s'enrichit rapidement de plusieurs compléments importants. On avait appris à cloner des gènes dans la bactérie *E. coli*. Quelques années suffirent pour que l'on sût faire de même dans d'autres bactéries, puis dans des levures, êtres unicellulaires, comme les bactéries, mais membres du règne des « eucaryotes ». On s'attacha aussi à fabriquer des virus recombinants, aujourd'hui populaires parce que vecteurs de gènes pour la très médiatique thérapie génique. L'étape suivante consistait à modifier génétiquement des êtres multicellulaires. C'est en 1981 que naquit la première souris transgénique, issue d'un ovule fécondé dans lequel le gène codant pour l'hormone de croissance humaine avait été introduit par micro-injection. Dans une fraction des ovules injectés, le gène s'intègre dans un chromosome, de sorte qu'après réimplantation dans une femelle gestante toutes les cellules de la descendance portent le gène « étranger ». Sans être géantes comme certains se plurent à l'affirmer, les souris obtenues étaient plus grosses que la moyenne, ce qui indiquait que l'hormone de croissance humaine avait fonctionné. Ces techniques de transgenèse devinrent rapidement banales et furent perfectionnées. Les souris génétiquement modifiées sont des mutants précieux pour analyser dans toute la complexité de l'animal la fonction des gènes. En quinze ans, des milliers de mutants ont été engendrés de par le monde, au point que leur conservation soulève aujourd'hui de sérieux problèmes d'infrastructure. Ces approches furent étendues à d'autres espèces, de la mouche du vinaigre (drosophile) aux lapins, porcs, moutons et chèvres. Curieusement, ces évolutions prévisibles des technologies génétiques suscitèrent peu d'inquiétudes. La première souris transgénique naquit dans une indifférence quasi générale. Ce fut la transgenèse végétale qui relança la polémique.

L'introduction de gènes dans les végétaux s'avéra plus facile qu'on ne l'attendait. D'une part, on parvient souvent à reconstituer une plante entière à partir d'une de ses cellules. De l'autre, on utilisa une bactérie, *Agrobacterium tumefaciens*, qui était dotée de la capacité de transférer certains de ses gènes dans des cellules végétales, déclenchant, chez la plante infectée, l'émergence de tumeurs. On substitua aux gènes responsables de l'apparition de la tumeur d'autres gènes que l'on voulait introduire dans le génome de la plante. C'est ainsi que le premier plant de tabac transgénique vit le jour en 1985. Il s'agissait, comme pour la première souris transgénique, d'un exercice de style. La faisabilité étant démontrée, on s'attacha à modifier génétiquement les céréales, les fruits et les légumes. De nouveaux développements technologiques furent nécessaires mais le maïs, le colza, la tomate puis le blé et le riz purent faire l'objet de transfert de gènes. Dans quels buts ? De les rendre résistants à des herbicides (la plante est alors cultivée en présence de l'herbicide et les mauvaises herbes ne poussent pas) ou encore de les protéger contre des parasites ou des ravageurs, ou bien d'améliorer leurs capacités de conservation et leurs qualités nutritives.

Un autre développement méthodologique majeur fut l'amélioration des techniques de séquençage. Cela se fit sans bruit, sans progrès véritablement spectaculaire et finit par émerger en plein jour, au terme de plusieurs années de croissance exponentielle obscure. En 1975, c'était un exploit de déterminer la séquence de quelques centaines de bases d'ADN. Quelques années plus tard, l'opération était devenue banale. Vers 1985, des instruments capables d'effectuer automatiquement des séquences furent mis au point. Leurs performances furent peu à peu améliorées, de sorte que, à la fin des années 1980, l'idée de séquencer totalement le génome de l'homme, jusqu'alors jugée totalement irréaliste, ne parut plus absurde, pour autant que l'on réunit des moyens suffisants. L'opération, comme je l'ai déjà indiqué [8], devint en quelque sorte le totem de la génétique moléculaire triomphante, ce qui ne manqua pas de susciter nombre de réactions hostiles. Mais, en 1995, les faits étaient là : le séquençage systématique des génomes s'était imposé comme l'un des moyens les plus rapides, les plus sûrs et les moins onéreux d'établir la liste de ces éléments primordiaux des êtres vivants que sont les gènes. Qui plus est, cette approche prétend à l'exhaustivité. La biologie moléculaire avait été comprise et vécue comme intrinsèquement réductionniste : chacun travaillait sur un système particulier, sur un petit nombre d'éléments, gènes ou protéines, jugés pertinents, sans que personne n'ait accès à leur totalité. Grâce à la puissance de feu des techniques de séquençage, la génétique moléculaire avait désormais vocation à dépasser ce réductionnisme pour aborder de façon rationnelle des questions qui intéressent le système dans son entier, grâce à la connaissance de tous ses éléments. Quelques chiffres apporteront du crédit à ces assertions. Entre 1975 et 1995, le nombre annuel des publications sur les gènes s'est accru de plus de vingt fois. Vingt ans après la première détermination d'une séquence, des dizaines de milliers de gènes avaient été séquencés. C'est vers 1995 qu'en accumulant instruments et automates, avec le soutien d'une informatique puissante et bien adaptée, plusieurs centres parvinrent à atteindre une capacité de séquençage de plusieurs millions puis plusieurs dizaines de millions de paires de bases par an. Le génome de l'homme en comporte trois milliards. Mais il comporte près de 95 % d'ADN « inutile », qui ne code pas pour des protéines fonctionnelles. En se concentrant sur les régions codantes présentes dans les ARN messagers représentatifs des cent mille gènes de l'homme (soit environ deux cents millions de paires de bases au total, accessibles sous forme d'ADN complémentaire cloné), on devait pouvoir décrire la majorité de ces derniers, à défaut d'attaquer la séquence du génome en tant que telle. En 1997, c'était largement chose faite. D'autres génomes plus compacts et plus petits, où l'information génétique n'est pas, comme chez l'homme, diluée par des masses d'ADN inutile, se prêtaient mieux à la séquence directe. En 1996, un consortium comprenant des dizaines de laboratoires européens, au terme de plusieurs années d'un travail distribué, publia la séquence complète du génome de la levure de bière, *Saccharomyces cerevisiae*, et des six mille deux cents gènes qu'il contient. Fin 1997, une dizaine de génomes de bactéries étaient entièrement séquencés. Vers la fin du siècle, les séquences des génomes des bactéries pathogènes les plus importantes auront toutes été déterminées. Les technologies continuent à progresser et les coûts à diminuer. La séquence totale du génome humain devrait être acquise avant 2005. On entrevoit des sauts technologiques possibles. Certains murmurent qu'un gain d'efficacité de cent fois dans les techniques de séquençage n'est pas irréaliste et que d'ici une ou deux décennies la détermination de la séquence entière d'un individu deviendra une affaire de routine. Je n'en serais pas surpris.

Au fond, l'activité d'une bonne partie des biologistes contemporains n'est pas très différente de celle des naturalistes qui les ont précédés : ils établissent des *catalogues*. Grâce aux techniques de séquençage, ils remplissent aujourd'hui rapidement des catalogues de gènes. Ceux de l'homme et d'un certain nombre d'organismes seront, d'ici quelques années, quasiment complets. Deux autres types de catalogues viendront s'y ajouter : d'abord, des catalogues constitués par les protéines codées par ces gènes, avec deux entrées : les structures dans l'espace et les fonctions. La détermination de la structure tridimensionnelle d'une protéine reste une opération lourde, en dépit d'améliorations impressionnantes dans les techniques analytiques. On voit mal, à ce jour, comment elle pourrait être entièrement automatisée. C'est encore plus vrai de la détermination de la fonction d'une protéine, qui requiert une recherche intelligente et spécifique, et nécessite souvent la génération d'organismes transgéniques chez lesquels le gène d'intérêt est mis en situation de fonctionner, ou de ne pas fonctionner. Cette approche vaut aussi bien pour la mouche et pour la souris que pour les plantes. Il faudra donc plusieurs décennies pour que les catalogues de protéines approchent de l'exhaustivité. Une dernière catégorie de catalogues contiendra des compilations des différences génétiques que l'on trouve au sein d'une même espèce et de leurs implications physiologiques ou pathologiques. Le plus avancé concerne l'homme. Déjà, plus de cinq mille maladies génétiques provoquées par des gènes défectueux sont répertoriées. La plupart sont monogéniques (dues à un seul gène), mais on y trouvera plus tard des maladies polygéniques et l'ensemble des composantes génétiques des maladies héréditaires. Sans doute comportera-t-il aussi toutes sortes d'informations sur l'impact de différences génétiques sur des traits non pathologiques. On doit s'attendre à cet égard à rencontrer quelques problèmes. Il est d'ores et déjà clair, chez l'animal, que certaines altérations génétiques modifient des traits de comportements. Le débat sur l'inné et l'acquis n'est pas près d'être clos. Quant à l'utilisation qui sera faite de ce genre d'information, il y aura lieu d'être vigilant, si l'on en juge par l'impact historique et social des différences génétiques qui gouvernent des diversités phénotypiques comme la couleur de la peau.

Le génie génétique a donc ouvert une ère de la biologie caractérisée par l'acquisition massive de données. Leur inscription dans des catalogues raisonnés n'est pas une activité aveugle. Elle s'accompagne d'une recherche de sens, de la mise au jour d'un ordre. En chimie, le tableau des éléments de Mendeleïev reflète, comme on l'a découvert plus tard, une réalité cachée, en l'occurrence le nombre des électrons sur les couches périphériques des atomes. Il y a aussi une recherche d'ordre dans les catalogues des gènes et des protéines, et celle-ci est profondément darwinienne. Lorsqu'on analyse certains gènes dans différentes espèces, on leur trouve une parenté structurale et fonctionnelle qui signe leur conservation au cours de l'évolution. Et plus les catalogues s'enrichissent, plus ces coïncidences de séquence ou de fonction s'accumulent. On a plusieurs fois observé qu'un gène humain pouvait être fonctionnellement substitué à un gène de levure. D'où l'on peut déduire, et il ne s'agit pas d'une pirouette intellectuelle, que la détermination de la séquence complète du génome de la levure constitue un pas important pour comprendre la fonction d'un certain nombre de gènes humains. Des superstructures commencent ainsi à émerger. Des sous-ensembles de gènes s'inscrivent dans des filiations, d'autres semblent logés dans des niches spécifiques. Certains ne sont trouvés que dans des groupes de bactéries, ou des groupes de plantes. Trouvera-t-on chez l'homme un ou plusieurs gènes absents du génome des singes ? Ou finira-t-on par constater que l'émergence de l'homme est le fruit d'une modification des régulations, d'un dosage différent d'éléments existants dans d'autres espèces ? Notre vision de l'évolution sortira renforcée mais surtout singulièrement affinée au terme de l'énorme effort analytique aujourd'hui en cours.

Bien sûr, on ne saurait faire du génie génétique le moteur méthodologique exclusif de la biologie contemporaine. Le développement concomitant d'autres disciplines scientifiques a joué un rôle déterminant. Où en serait la biologie si la physique et l'informatique n'avaient, elles aussi, formidablement évolué ? Il serait tout aussi inexact de croire que la biologie du dernier quart de siècle est confinée à la seule génétique moléculaire. Des avancées majeures, des progrès conceptuels considérables ont été effectués dans des domaines aussi divers que la biologie du développement, l'immunologie ou la neurobiologie, servis, lorsque c'était utile, par la plate-forme méthodologique de plus en plus puissante constituée autour du génie génétique ; mais il est impossible d'en dresser ici un tableau, même général.

Comment le public a-t-il connaissance des progrès de ces recherches, qu'il finance par le biais des deniers de l'État ou bien par les dons récoltés par les associations caritatives ? Il est informé de diverses manières. Au cours des dernières années, les grands médias (sauf certaines chaînes de télévision) ont fait un effort sensible pour délivrer une information scientifique de qualité. La plupart des grands quotidiens offrent des rubriques scientifiques de très bon niveau. Il existe en outre d'excellentes revues plus spécialisées qui publient des articles de vulgarisation moins accessibles au grand public mais souvent fort bien faits. Enfin, certaines associations caritatives informent leurs donateurs avec des journaux très bien documentés. Au total, l'effort de communication est diversifié et assez consistant. On pourrait souhaiter, en France du moins, qu'il soit plus abondant et qu'une véritable *culture scientifique* – en l'occurrence biologique – se développe, avec le soutien actif des médias, dans le grand public. Si nous appréhendons les choses en l'état, nous noterons ce biais très caractéristique de la vulgarisation scientifique à destination du grand public : elle est profondément gauchie vers les applications. Les journalistes en conviennent volontiers : ils ont, disent-ils, un besoin impératif de trouver des points d'ancrage dans le réel, le quotidien ; ils doivent s'appuyer sur ce qui est proche du public, sans quoi l'explication des faits de sciences est trop difficile, trop abstraite, absconse, voire ennuyeuse. On pourrait s'interroger sur ce point et imaginer que la recherche de nouveaux modes de mise en forme, auxquels certains s'essaient, aboutisse, à force de travail, à une vulgarisation plaisante et acceptée par le public. Mais je ne disputerai pas. Je prends acte ici du fait que les trois thèmes liés à la biologie qui ont été le plus médiatisés à des titres divers sont trois domaines d'application : les biotechnologies, la procréation médicalement assistée et la tragédie du sang contaminé par le virus VIH-1. Or les trois ont fait l'objet de fortes déviations de sens. J'y ajouterai deux affaires médiatiques plus ponctuelles et plus locales, mais éclairantes. L'une concerne la « mémoire de l'eau » et l'autre une polémique, en France, sur la vaccination contre l'hépatite B. Telles sont les cinq études de cas sur lesquelles nous allons nous pencher.

Chapitre II

LES POLÉMIQUES AUTOUR DES BIOTECHNOLOGIES

Le phénomène « biotech »

Les biotechnologies sont nées bien avant le génie génétique, mais ce dernier leur a fourni une impulsion considérable. Le terme de « biotechnologies » renvoie aux applications de la biologie dans trois domaines principaux : la santé de l'homme, l'agroalimentaire (incluant le vétérinaire) et les « biotransformations » (lorsque des enzymes sont utilisées à l'échelle industrielle comme catalyseurs dans des réactions de transformation). Ce sont les deux premiers qui ont progressé de la façon la plus spectaculaire *. Dès 1975, on avait compris que le génie génétique ouvrait un immense

* Le troisième se nourrit, pour partie, des découvertes faites lors de l'exploration du monde vivant et, notamment, de l'étude des bactéries. Celles-ci sont quasiment omniprésentes. Un gramme de terre contient environ un milliard de bactéries. On sait maintenant qu'on trouve des bactéries dans des milieux où on ne les attendait pas, notamment dans les roches et ce jusqu'à plus de mille mètres de profondeur sous l'écorce terrestre. Les mers sont peuplées de micro-organismes (bactéries et algues unicellulaires). Il existe un nombre considérable d'espèces de micro-organismes différentes dotées de capacités biosynthétiques très variées. Les bactéries vivant dans des conditions « extrêmes » (par exemple des bactéries thermophiles isolées de geysers qui peuvent vivre jusqu'à 110 °C) sont une source d'enzymes adaptées à ces conditions (en l'occurrence capables de résister à la chaleur).

espace d'applications. À l'époque, on usa abondamment de cet argument pour faire valoir que les bénéfices attendus de la méthodologie nouvelle contrebalançaient largement les risques potentiels. Comme je l'ai montré par ailleurs [1], ces déclarations superficiellement contradictoires sur les risques et les bénéfices potentiels, souvent formulées par les mêmes intervenants, correspondaient sans doute à deux versions d'un même discours de puissance, qui signait l'ascension de la biologie et des biologistes dans l'espace scientifique et social. En un sens, la communauté des biologistes a exploité la naissance du génie génétique pour entrer dans le club des sciences « dures ». Ces dernières se targuent, en général, d'allier deux attributs majeurs, l'« exactitude » (on les qualifie de sciences exactes) et l'« utilité » (de donner naissance à des applications). Avec la biologie moléculaire, la biologie pouvait prétendre à l'exactitude que l'on reconnaît à la physique et à la chimie. Avec le génie génétique, elle pouvait revendiquer l'utilité.

De fait, alors que les risques paraissaient de plus en plus évanescents, l'utilité du génie génétique, dans son principe, fut rapidement établie. En 1977, un groupe américain rapporta la fabrication, par la bactérie *E. coli*, d'une petite hormone, la somatostatine. Il avait fallu plusieurs années pour l'isoler à grand-peine de plusieurs centaines de cerveaux de moutons. Quelques millilitres de culture de la bactérie recombinante fournissaient la même quantité. Dans les années qui suivirent, furent produites plusieurs molécules importantes pour la santé de l'homme, notamment l'insuline, en 1979, puis l'érythropoïétine (utilisée pour accélérer la reconstitution des cellules hématopoïétiques), l'hormone de croissance humaine, le facteur VIII, essentiel pour la coagulation, le vaccin contre le virus de l'hépatite B. La preuve était faite que l'on pouvait s'affranchir de modes d'approvisionnement compliqués et risqués *, fondés sur

* Les risques associés aux modes d'approvisionnement « conventionnels » ont été tragiquement démontrés dans deux cas au moins : celui de

des prélèvements humains, et leur substituer des productions en fermenteur à partir de cellules convenablement manipulées. Le côté spectaculaire de ce mode de fermentation occulta, pour un temps, le fait que le génie génétique constituait un instrument de recherche d'une puissance incomparable. Avec le recul, on voit bien que ce sont les progrès des connaissances biologiques, liés à l'éclosion du génie génétique, qui ont fondé l'expansion des biotechnologies beaucoup plus que l'émergence d'un nouveau procédé de production.

L'essor des biotechnologies est plus visible au plan des investissements qu'au niveau des produits. La liste des médicaments et vaccins effectivement disponibles n'est pas encore très longue et ne représente encore qu'une fraction assez faible du marché mondial de la pharmacie. Dans l'agroalimentaire, quelques produits issus de plantes transgéniques arrivent tout juste sur les étagères des grands magasins ou dans les sacs de semences vendus aux agriculteurs. Cette relative lenteur dans la maturation des produits contraste avec les discours triomphalistes de la fin des années 1970. L'enthousiasme, l'ignorance des contraintes industrielles, et peut-être le désir plus ou moins conscient de contrebalancer les risques potentiels firent que l'on promit souvent la lune *. Au départ, les scientifiques étaient les seuls dépositaires de la méthodologie nouvelle. L'industrie pharmaceutique, surtout imprégnée de culture chimique, et

---

l'hormone de croissance humaine, contaminée par des prions, extraite d'hypophyses prélevées sur des cadavres d'individus dont certains avaient été atteints de la maladie de Kreutzfeld-Jacob ; et celui des concentrés de facteur VIII contaminés par du VIH-1 (*cf.* chapitre VI).

* L'un des fers de lance de cette propagande fut la fabrication de plantes capables de fixer directement l'azote, sans l'aide des bactéries symbiotiques qui, dans le sol, sont chargées de cette tâche. Cet objectif, qui, sur le papier, présentait en outre l'attrait de pouvoir servir les intérêts du Tiers-Monde, était beaucoup trop ambitieux pour être réaliste. Il fallait implanter un minimum de quatorze gènes bactériens dans les génomes végétaux, faire en sorte qu'ils s'y expriment, que la chaîne métabolique fonctionne et espérer de surcroît qu'elle ne perturberait pas gravement la physiologie de la plante ainsi manipulée.

l'industrie agroalimentaire, pénétrée d'une conception très traditionnelle de la recherche biologique, durent s'acculturer, ce qui prit quelques années. Les scientifiques, quant à eux, ignoraient tout des contraintes du développement, du poids des questions réglementaires, des difficultés nombreuses qui jalonnent, surtout dans les domaines touchant à la santé et à l'alimentation humaines, la mise au point d'un produit pour laquelle une dizaine d'années et des sommes considérables * sont souvent nécessaires. Il y eut aussi des échecs et certains produits dont l'activité biologique est bien démontrée furent développés sans qu'on leur trouve, finalement, des applications thérapeutiques larges **. Au total, tout fut moins rapide qu'on ne l'avait initialement claironné, mais sans que le doute vienne durablement écorner les perspectives de succès.

Ce furent les financiers, avant les industriels ***, qui firent alliance avec des scientifiques pour explorer les potentialités du génie génétique naissant. Et ce fut aux États-Unis que la création d'entreprises de biotechnologies prit rapidement l'allure d'un phénomène explosif. Fondées en étroite association avec des chercheurs du monde académique pour développer des découvertes effectuées dans des laboratoires de recherche universitaires, abondées par le financement du capital-risque, ces entreprises, baptisées « biotechs », naquirent en grand nombre. Le monde industriel, au début, observa ce bouillonnement grandissant, choisit de passer quelques contrats de recherche avec des biotechs,

* Le coût de développement d'une nouvelle molécule en pharmacie atteint et dépasse maintenant, en moyenne, deux milliards de francs.

** Le cas le plus spectaculaire est sans doute celui de l'interféron gamma, une molécule qui joue un rôle clé dans l'activation des réponses immunitaires et dont on pouvait légitimement espérer qu'elle aurait de nombreuses cibles thérapeutiques. On eut, en clinique, beaucoup de difficultés à lui trouver un usage. Ce qui devait être une molécule miracle dans les années 1980 n'a, pour l'instant, que des applications assez modestes.

*** Quelques industriels intervinrent à ces stades précoces mais à titre financier. C'est ainsi qu'une entreprise canadienne, International Nickel Corporation (INCO), investit très tôt dans Genentech et Biogen.

puis se décida à investir plus lourdement. Aujourd'hui, il surveille attentivement leurs activités. Les biotechs, pour leur part, connaissent des devenirs divers. Après quelque temps, certaines disparaissent corps et biens, d'autres se regroupent, et d'autres sont rachetées par des groupes industriels bien établis qui renforcent ainsi, ou font évoluer, leur propre potentiel de recherche. Quelques-unes parviennent à conserver leur autonomie, grossissent grâce à des revenus importants issus de la vente d'un ou plusieurs produits innovants, et tentent de rejoindre le peloton des grandes entreprises. Vingt-cinq ans après le coup d'envoi constitué par la naissance du génie génétique, l'engouement pour la création de biotechs n'a pas véritablement faibli. On en compte au moins deux mille cinq cents dans le monde, en majorité situées aux États-Unis. Il est reconnu qu'elles jouent un rôle clé dans l'innovation et qu'elles participent ainsi, de façon déterminante, à l'évolution d'un tissu industriel changeant. Leur fonction vis-à-vis de l'industrie est maintenant bien identifiée : la masse des connaissances biologiques émergentes est désormais telle qu'aucun groupe industriel, si puissant soit-il, ne peut maîtriser en interne toute l'innovation. Il est devenu beaucoup plus efficace, pour les industriels, d'acheter l'innovation qui leur manque à des biotechs qui, pour leur part, sont devenues plus professionnelles, et connaissent mieux les contraintes et les attentes de leurs clients. C'est un véritable marché de l'innovation biologique qui s'est ainsi organisé.

Le phénomène « biotech » présente plusieurs singularités remarquables. Tout d'abord, il signe une sorte de mariage entre la biologie et l'argent, entre un monde de recherche qui pouvait se croire, et que l'on pouvait croire, « désintéressé », et les puissances financières et industrielles. Les biologistes moléculaires se trouvèrent ainsi brusquement mêlés, souvent avec complaisance, mais parfois à leur corps défendant, au monde de l'argent. Les institutions académiques durent s'adapter. Toutes entreprirent de valoriser leurs travaux. À l'étranger, et désormais en

France, il n'est plus guère d'institution qui soit ignare en matière de valorisation et qui, par conséquent, ne dispose de juristes, d'agents de brevets et d'avocats attitrés.

La sphère académique dut faire face, en outre, à un autre type d'évolution. Un nouveau type de recherche, plus lourd, plus systématique et mieux organisé, commença à se développer dans certaines biotechs. Il apparut que, l'accroissement de technicité aidant, la résolution de certains problèmes de recherche biologique nécessitait une concentration de moyens, une organisation et une discipline difficiles à réunir et à imposer dans le monde universitaire *. Beaucoup d'universitaires prestigieux sont aujourd'hui associés à des entreprises de biotechnologies. À l'attrait financier peut s'ajouter l'intérêt professionnel et le souci de promouvoir ou de participer à des recherches d'un autre type, difficiles à conduire dans la sphère académique, et néanmoins importantes. Les recherches menées dans les biotechs produisent donc des connaissances qui ne sont pas nécessairement accessibles à la communauté scientifique universitaire, dès lors que celles-ci ont une valeur commerciale. Cela constitue une forme de défi pour le monde académique qui a dû s'organiser en conséquence. Le « Généthon », une opération de recherche concentrée sur la cartographie du génome humain, montée en France, grâce aux dons collectés par l'Association française contre la myopathie (AFM), a joué un rôle exemplaire parce que, menée de façon quasi industrielle dans un espace non industriel, elle a montré la voie à une réorganisation de certains sec-

* L'isolement du gène (plus exactement de la copie ADN de son ARN messager) codant pour le facteur VIII – le facteur de coagulation qui fait défaut chez les hémophiles de type A – a été réalisé en 1984. L'ARN messager est à la fois très long (huit mille bases) et peu abondant. La publication, signée d'une vingtaine de noms, représente le fruit d'un effort collectif, à l'époque impressionnant, réalisé par la société Genentech. Ce travail nécessitait une concentration de moyens et une coordination peu compatibles avec les ressources et les mentalités individualistes du monde académique et ne pouvait être accompli de façon compétitive par ce dernier (Toole *et al.*, *Nature*, *312*, 1984, 342).

teurs de la recherche académique. La coopération internationale s'est en fait développée et, dans certains domaines comme celui du séquençage, l'organisation de projet de recherches sous une forme distribuée et coordonnée a fait la preuve de son efficacité.

Le phénomène biotech est souvent comparé à un autre, tout aussi impressionnant au plan de l'innovation : le développement de l'informatique. Les points communs sont nombreux mais il existe une différence majeure. Le temps nécessaire pour déboucher sur le marché avec une innovation biotechnologique est beaucoup plus long que pour l'informatique, et cela a deux conséquences notables. La première est l'importance incontournable des brevets pour les biotechnologies. Nul ne peut s'engager dans des développements qui peuvent durer dix ans et plus sans être entouré d'un minimum de garanties, au nombre desquelles la propriété industrielle conférée par les brevets occupe une place essentielle. À l'inverse, beaucoup de développements en informatique ont été menés sans prise de brevet, la compétitivité étant fondée sur la rapidité et l'occupation du marché. En biologie, la prolifération des brevets est telle que certains domaines sont devenus de véritables champs de mines, ce qui ne manque pas de contribuer à la prospérité d'un nombre croissant d'officines spécialisées. La deuxième conséquence est que des mécanismes financiers particuliers ont dû être mis en place, non seulement pour amorcer le développement des innovations, ce que le capital-risque est accoutumé à faire, mais pour le soutenir pendant d'assez longues périodes. C'est ainsi qu'un certain nombre d'institutions financières * sont devenues parties prenantes, à côté d'industriels, de développements qui, à plus long terme, leur fourniront un retour sur la manne des bénéfices provenant des innovations réalisées. Le public est

* Les fonds de retraite constituent des masses financières considérables qui sont gérées sur le long terme. L'affectation d'une petite fraction aux investissements dans les biotechnologies a joué un rôle majeur dans le développement de ces dernières.

aussi associé par le biais de la bourse. Depuis longtemps aux États-Unis, et depuis peu en Europe, on peut introduire en bourse une entreprise en en appréciant la valeur non pas d'après ses revenus réels mais d'après ses revenus probables. Depuis le début des années 1980, on a assisté aux États-Unis à de nombreuses introductions en bourse de biotechs qui brûlaient leurs fonds propres et présentaient un bilan financier largement négatif, mais offraient un portefeuille convaincant de produits prospectifs. La valorisation de ces entreprises en bourse est souvent très élevée et on a assisté à des plus-values et des prises de bénéfices spectaculaires. Ce sont moins les succès financiers qui m'intéressent ici, ou le fait qu'ils ont dopé les moteurs de l'investissement, que la participation du public. Dans l'informatique, le terme est plus court et les produits sont plus visibles. Ce qui me frappe, pour les biotechnologies, c'est l'acte de confiance populaire, de long terme, mû bien évidemment par l'attrait de la plus-value, mais aussi par un certain goût du jeu, du risque, étayé certes par des analyses financières détaillées, mais elles-mêmes fondées sur l'anticipation du futur. Ce qui m'impressionne ici, c'est une sorte d'*optimisme* sans lequel ces masses financières ne seraient pas investies.

Le phénomène biotech nous instruit donc non seulement sur la montée en puissance de la biologie et de ses applications, mais aussi sur la perception des risques dans certaines sphères socioprofessionnelles et dans une partie du public. Revoyons-les tour à tour. Depuis plus de quinze ans, après, comme on l'a vu, une période de questionnement, les biologistes, dans leur immense majorité, sont convaincus que les techniques de génie génétique ne présentent pas de risques plus élevés que d'autres qu'ils utilisent couramment et qui ne soient maîtrisables par des approches raisonnées *. Quelques-uns restent réservés sur

* Ce qui n'implique pas l'absence totale de risques. Les expérimentateurs savent bien que la manipulation de certains matériels biologiques (par exemple, du sang d'un individu contaminé par un virus) présente des

la dissémination de certains gènes dans l'environnement mais très rares sont ceux qui voient là un danger planétaire. Il est intéressant de constater que, pour les investisseurs aussi, les risques sont perçus comme faibles ou nuls. Les représentants de banques et d'institutions financières de même que les petits porteurs qui, à titre individuel, placent de l'argent en bourse ne prendraient pas le risque financier d'investir dans des entreprises innovantes au succès aléatoire si ce dernier était doublé d'un doute sérieux sur l'innocuité des produits ou de leurs procédés de fabrication. Les prospectus élaborés aux États-Unis par les biotechs qui doivent lever des capitaux sont très précis et bien travaillés au plan juridique ; je n'en connais aucun qui fasse état de risques liés au génie génétique sauf pour mentionner une difficulté possible quant au comportement des consommateurs. Et que l'on n'aille pas supposer que les mondes de l'argent et de l'industrie, aveuglés par l'appât du gain, ignorent délibérément les questions de sécurité. Les entreprises ont une éthique, les investisseurs aussi. Viendraient-ils à en manquer, les enjeux juridiques et les problèmes de responsabilité civile, dans des sociétés qui, comme la société américaine, deviennent de plus en plus légalistes, les rappelleraient à la raison. Tous sont aujourd'hui très soucieux de leur image. Bien peu s'exposeraient au risque de la ternir en s'associant à des recherches qui déboucheraient sur des produits dangereux pour les consommateurs. On peut en conclure que le débat sur les risques potentiels liés à l'ingénierie des gènes est arbitré, non seulement dans la communauté scientifique, mais aussi dans les sphères finan-

---

risques et que des accidents professionnels se produisent de temps à autre. La radicalisation de la polémique sur les transferts de gènes à la fin des années 1970 a peut-être induit, en retour, une confiance excessive. Il serait bon, de mon point de vue, de réévaluer périodiquement certains aspects, comme la construction de certains rétrovirus recombinants. La découverte, au début des années 1990, que l'injection de gènes, sous forme d'ADN nu, pouvait avoir un effet vaccinal chez la souris montre que l'ADN, en tant que tel, n'est pas forcément inerte pour l'expérimentateur.

cières et industrielles du monde entier, de même que dans la fraction de la population américaine qui investit dans la biotech.

Le phénomène biotech est largement américain. Il y a encore peu d'entreprises de biotechnologie en Europe, en dépit d'efforts faits par les uns et les autres, y compris les pouvoirs publics, inquiets de ce déficit au regard de son impact économique croissant. Les industriels et les investisseurs européens partagent les mêmes vues que leurs homologues américains mais c'est aux États-Unis qu'ils opèrent principalement. Le public européen est, en moyenne, plutôt réservé sur les biotechnologies. Serait-ce le fruit, tardif, de la polémique initiale qui aurait produit des séquelles différentes des deux côtés de l'Atlantique ? Pour répondre à cette question, reprenons le fil historique pour suivre, non plus l'évolution scientifique du génie génétique et celle de ses applications biotechnologiques, mais sa pénétration dans l'espace social, attestée par quelques événements significatifs aux plans politique, réglementaire et médiatique.

Les réglementations en Europe et aux États-Unis

On se souvient qu'une classification des risques potentiels, assortie de conditions de confinement proportionnées, avait été esquissée pendant la conférence d'Asilomar, en 1975. Pour empêcher la contamination de l'expérimentateur et de l'environnement au sens large, il avait été préconisé de combiner des écrans biologiques (*i.e.* d'utiliser, comme hôtes pour les gènes transférés, des micro-organismes affaiblis, incapables de survivre dans un milieu naturel) et physiques (*i.e.* de pratiquer les expériences dans des laboratoires dont le niveau de confinement était plus ou moins élevé). À quelques nuances près, teintées parfois d'un certain nationalisme, tous les pays se rangèrent à ces recommandations et adoptèrent la même classification. Il fallait ensuite mettre en place des instances de contrôle et de suivi. Mais avec quel statut et quels pouvoirs ? Partout, on chercha des compromis qui satisfassent deux critères : que le système soit assez visible pour que tous en aient connaissance et s'y conforment ; mais qu'il soit aussi assez souple pour pouvoir être adapté à des changements possibles. De fait, dès le début des années 1980, la polémique désenfla. Un consensus s'établit pour diminuer la rigueur des règles. Comme on pouvait le prévoir, les commissions de contrôle furent partout maintenues. Vers le milieu des années 1980, alors qu'il était à peu près évident pour les biologistes que les risques, pour la santé de l'homme, des transferts de gènes dans des micro-organismes étaient essentiellement dépourvus de réalité, la polémique resurgit avec l'obtention des premières plantes transgéniques *. Ce nouveau débat prit de l'ampleur et devint un domaine d'élection pour des contestations écologistes parfois radicales. Des champs expérimentaux furent plusieurs fois saccagés. On créa donc, ici et là, d'autres instances de discussion et de contrôle. En France, après une période d'une dizaine d'années où une commission de contrôle avait officié de façon plutôt informelle, des décrets parus en 1986 et 1989 instituèrent une commission de génie génétique et une commission de génie biomoléculaire. La première était chargée d'évaluer les risques liés aux transferts de gènes dans les micro-organismes et la seconde des problèmes liés à l'environnement. Cette dernière eut à s'occuper principalement de plantes génétiquement modifiées et des essais en plein champ. Mais elle se saisit d'autres problèmes, comme ceux touchant à certains essais cliniques chez l'homme **. Aux États-Unis,

---

* Ainsi que des essais en plein champ de micro-organismes du sol génétiquement modifiés. Le sol contient une masse considérable de bactéries dont certaines fixent l'azote et sont nécessaires à la croissance des plantes. Par transfert de gènes dans ces micro-organismes et d'autres, on peut espérer obtenir des engrais ou des pesticides d'un nouveau type.

** Un individu vacciné avec un virus recombinant, par exemple, pourrait en relarguer une partie dans l'urine ou les selles, créant ainsi un risque pour l'environnement.

le Recombinant Advisory Committee (RAC) fut aussi doublé d'instances œuvrant au sein de l'US Department of Agriculture (USDA) et divers mécanismes d'évaluation furent mis en place. Mais, au bout de quelque temps, les objectifs et les principes d'action divergèrent [2].

Aux États-Unis, dans les années 1980, le Congrès se saisit de la question de la commercialisation prévisible des produits issus du génie génétique dans les termes suivants [3] : les effets potentiellement négatifs pour la santé de l'homme et l'environnement justifiaient-ils des contraintes ? À l'inverse, des contraintes injustifiées risquaient-elles de priver les citoyens américains des fruits de la technologie nouvelle ? Un groupe de travail impliquant toutes les agences gouvernementales concernées fut mis en place en 1984. Ses conclusions furent adoptées par le Congrès en 1986. Les quatre principes suivants furent retenus pour guider l'action réglementaire :

1. Les produits issus des biotechnologies ne diffèrent pas fondamentalement de ceux obtenus par des procédés conventionnels.

2. C'est le produit qu'il faut réglementer et non le procédé par lequel il est manufacturé.

3. Il convient de réglementer au cas par cas, en fonction de l'utilisation finale.

4. La législation existante étant jugée suffisante pour faire face à la situation, l'État fédéral, en contrepartie, s'engageait à promouvoir la sécurité. Trois agences fédérales reçurent effectivement le mandat d'évaluer et de contrôler les produits.

On voit ici qu'aux États-Unis, dès 1986, la question des risques potentiels liés au génie génétique fut arbitrée au plus haut niveau de l'État et des administrations. Quelques principes clairs et pragmatiques pouvaient guider l'action des contrôleurs comme celle des contrôlés ; le feu vert était donné pour que la machine économique exploite au mieux l'innovation biologique.

Bien différentes furent les attitudes diversifiées adoptées dans divers pays européens, qui oscillèrent entre la permissivité et l'interdiction de principe, telle que la loi votée en 1986 au Danemark pour empêcher la dissémination d'organismes génétiquement modifiés dans l'environnement *. En Allemagne, l'opposition des écologistes fut particulièrement forte. Les « Verts », très organisés, contestèrent vigoureusement – voire violemment – le génie génétique et ses applications. Ils portèrent le débat devant le Parlement européen. Vers la fin des années 1980, la poussée politique des écologistes se fit plus forte dans plusieurs pays d'Europe. La réélection du Parlement, en 1989, fournit aux partis écologistes un pouvoir d'arbitrage non négligeable. C'est dans ce contexte que, partie par conviction, partie sans doute par concession ou calcul, il se trouva une majorité de parlementaires européens pour voter, le 23 avril 1990, deux directives portant sur l'utilisation et la dissémination d'organismes génétiquement modifiés. Un projet antérieur visait à instituer un véritable moratoire ; il fut battu en brèche par un appel à l'opinion signé par plusieurs dizaines de prix Nobel. Les directives qui furent finalement adoptées étaient contraignantes sans être bloquantes. Comme il est de règle au sein de l'Union européenne, il appartenait aux pays membres d'en effectuer la transposition dans leurs législations propres au cours des années qui suivaient.

L'esprit des directives européennes est profondément différent de celui qui, quatre ans auparavant, avait prévalu aux États-Unis. Les textes européens posent *par principe* que

---

* La loi, toutefois, prévoyait la possibilité de dérogations ; de fait, des expériences sur des betteraves furent autorisées entre 1989 et 1991. Un nouveau cadre législatif, fondé sur les directives européennes de 1990, leva cette interdiction tout en maintenant le droit du public de faire appel des décisions autorisant les expérimentations en champs. *Cf. ibid.*, intervention de J. Madsen, p. 89. Le Danemark est le pays d'Europe où les expériences d'évaluation participatives associant des citoyens à l'évaluation des choix technologiques ont été poussées le plus loin. On pourra lire à ce sujet un article de G. Assouline et P.-B. Joly, dans *Biofutur*, vol. 170, 1977, p. 30.

le génie génétique, même en tant que technologie, est risqué. La notion de risque *potentiel* n'apparaît plus et la dangerosité est érigée en règle. Ainsi, un produit fabriqué par génie génétique est tenu pour être, en puissance, plus dangereux qu'un produit identique qui serait fabriqué par des voies conventionnelles. Cette orientation réglementaire diverge radicalement de celle adoptée aux États-Unis, au Canada et au Japon, qui est aussi recommandée par l'OCDE, et qui consiste à évaluer le produit final. Plus généralement, de la dangerosité présumée du génie génétique découle, de façon parfaitement cohérente, un ensemble de mesures qui sont totalement absurdes, si on considère, à l'inverse, ce présupposé comme faux. Dans l'optique du risque établi, il est indispensable, en effet, de prévoir des procédures contraignantes qui obligent, par exemple, l'employeur à pratiquer ou faire pratiquer une évaluation des risques encourus par les employés. Il faut aussi le responsabiliser au cas où l'un de ces derniers serait la victime d'un accident provoqué par des organismes génétiquement modifiés. Dans cette logique, comment faire autrement que de considérer ces derniers comme des produits réellement dangereux et de réglementer leur transport en leur appliquant les règles afférentes aux produits toxiques, dont la complexité et la lourdeur ne surprendront personne ?

Les directives européennes de 1990 ont été effectivement intégrées dans les législations nationales. Dans certains pays, comme le Danemark, leur transposition a induit un certain assouplissement. Dans d'autres, comme la République fédérale d'Allemagne, la transposition est imparfaite, la loi votée en juin 1990, après de multiples discussions et amendements, étant plus sévère que les directives. Ces dernières avaient laissé à la discrétion des États membres le choix de pratiquer ou non des consultations publiques. L'obligation de consulter le public, revendiquée par les écologistes, est inscrite dans la législation allemande. En France, en 1992, on inscrivit dans la loi l'obligation d'une enquête auprès du public pour tout projet d'implantation d'une installation où serait pratiqué le génie génétique. Les modalités d'application furent aménagées à la suite d'un vif mouvement de protestation qui se développa dans le milieu scientifique [4], où l'on ne comprenait pas que la construction ou l'aménagement de n'importe quel laboratoire ou salle de travaux pratiques dans les universités soient soumis à des procédures équivalentes à celles suivies pour l'installation d'une centrale nucléaire. Bien entendu, ces enquêtes publiques offrent un forum quasi permanent et des opportunités de contestation récurrentes que certains mouvements écologistes peuvent exploiter à loisir. En outre, certaines procédures sont mal adaptées à la confidentialité, objet de préoccupation pour des industriels qui, sans être forcément obsédés par le secret, opèrent dans un espace économique compétitif et ne peuvent livrer toutes les informations sur la place publique. La nécessité d'informer le public n'est pas contestable, dès lors que les risques sont avérés, comme pour le nucléaire. S'agissant de risques potentiels, non avérés, et qui semblent approcher chaque jour un peu plus du risque nul, des procédures de ce type présentent des lourdeurs et des contraintes injustifiées qui deviennent dissuasives. En Allemagne, par exemple, l'instruction des demandes d'autorisation est payante. Un régime de responsabilisation financière contraint l'opérateur à fournir des garanties préalablement à l'utilisation d'organismes génétiquement modifiés de façon à provisionner la réparation d'éventuels dommages.

Rien n'est totalement insurmontable dans l'ensemble de ces dispositions. Mais que de lourdeurs administratives, de lenteurs et de suspicions à lever ! On comprend que plusieurs grandes industries allemandes aient préféré exporter leur recherche aux États-Unis et que, plus généralement, l'activité biotechnologique en Europe n'ait pas trouvé un humus qui favorise sa croissance. Les législations et l'encadrement réglementaire développés à propos du génie génétique auront sans doute des effets positifs dans d'autres secteurs. Certains matériels biologiques posent de réels problèmes de sécurité ; des contaminations et des accidents provoqués par la manipulation d'agents pathogènes ont eu lieu. On ne peut donc tourner en dérision des efforts sincères pour améliorer la sécurité et les conditions de travail dans le champ de la biotechnologie entendue au sens large. Il demeure que l'incapacité à trier le réel de l'imaginaire pour discriminer avec méthode et pragmatisme entre risques potentiels et risques avérés n'est pas sans conséquences. L'analyse de l'évolution du droit des brevets va l'illustrer sous un autre angle.

Les brevets

Outre l'élargissement du champ des connaissances biologiques, le génie génétique a provoqué l'émergence de nouveaux « objets », si l'on peut utiliser ce vocable pour désigner certains organismes génétiquement manipulés, et notamment les plantes et les animaux transgéniques. Il n'est pas surprenant que des adaptations du droit des brevets aient été nécessaires. On sait que l'Europe et les États-Unis opèrent, depuis longtemps, selon des règles pour partie différentes. Il existe aux États-Unis une sorte de droit du sol qui donne une préférence aux inventions conçues sur le territoire américain ; on peut aussi y déposer un brevet dans l'année qui suit la divulgation de l'invention que l'on veut protéger. En Europe, à l'inverse, toute divulgation préalable invalide le brevet. En pratique, parce que les marchés européen et américain sont de volume comparable et qu'une protection quasi mondiale est d'ordinaire recherchée, la règle européenne tend à dominer. Les critères de brevetabilité sont, pour le reste, sensiblement les mêmes. Toutefois, les marges d'interprétation sont larges : il n'est pas rare que la même demande de brevet connaisse des destinées différentes des deux côtés de l'Atlantique, accordée ici, amendée ou refusée là.

Au-delà de ces fluctuations dans l'interprétation de principes communs, des hiatus se produisirent lorsque de nouveaux principes durent être posés pour gérer le problème de la brevetabilité des êtres vivants [5]. Historiquement, ce problème renvoie à des problèmes très concrets de protection des variétés végétales et d'espèces animales pour l'agriculture et l'élevage. Initialement, les organismes vivants (non humains), étant perçus comme « naturels », ne pouvaient faire l'objet d'une invention. Mais on en vint peu à peu à reconnaître une certaine inventivité au travail des sélectionneurs, tout en ménageant la liberté d'accès aux objets sélectionnés, afin que quiconque puisse en poursuivre l'amélioration. L'émergence du génie génétique introduisit une rupture dans cette perception. Une bactérie productrice d'une hormone, une plante résistante à tel herbicide peuvent être considérées comme des produits « finis ». En 1980, la Cour suprême des États-Unis rendit un arrêt historique qui déclarait brevetable une bactérie modifiée par génie génétique de façon qu'elle soit capable de dégrader les hydrocarbures. Une nouvelle jurisprudence s'élabora dès lors. En 1985, il fut reconnu que les variétés végétales obtenues par génie génétique pouvaient être brevetées ; en 1988, ce fut le tour d'une souris transgénique. Désormais, les animaux comme les plantes transgéniques pouvaient faire l'objet d'un brevet.

La situation en Europe prit un tour notablement différent, en raison surtout d'un article de la convention de Munich qui, en 1973, avait finalisé les règles générales de délivrance des brevets européens. L'article 53 excluait de la brevetabilité les variétés végétales et les races animales, tout en stipulant que des produits obtenus par la mise en œuvre de procédés microbiologiques restaient brevetables. En outre, il excluait de la brevetabilité les inventions « pouvant porter atteinte à l'ordre public et aux bonnes mœurs ». La première souris transgénique brevetée aux États-Unis, en 1988, était une souris dans laquelle avait été introduit un « oncogène » qui provoquait le développement de tumeurs spontanées, en raison de quoi cette souris pouvait être utilisée pour étudier l'effet de médicaments anticancéreux. En

Europe, l'Office européen des brevets (OEB), s'appuyant notamment sur l'article 53, commença par rejeter la demande de brevet, se fondant pour partie sur les souffrances insupportables endurées par les souris. En 1992, toutefois, l'OEB revint en arrière et accepta de délivrer le brevet, considérant cette fois que les bénéfices attendus pour l'homme contrebalançaient l'atteinte aux bonnes mœurs que constituait la souffrance animale. Des mouvements écologistes et des associations de défense des animaux tentèrent d'obtenir en appel l'annulation de cette décision *. L'OEB refusa, en revanche, de breveter une souris transgénique dont la pousse des poils avait été modifiée, les bénéfices pour l'humanité étant jugés insuffisants.

Une deuxième ligne de réflexion se développa à propos de la brevetabilité des éléments du corps humain. Si, à l'évidence, l'être humain ne peut être la propriété de personne et ne peut faire l'objet d'un brevet, la question peut être débattue pour ce qui concerne les organes, les cellules ou les gènes. Avec l'accélération des recherches sur le génome de l'homme, le problème de la brevetabilité des gènes prit une acuité croissante et un tour tout à fait pratique. En 1991, le National Institute of Health, aux États-

---

* Les défenseurs des animaux représentent, dans de nombreux pays industrialisés, des groupes de pression assez puissants dont l'action a parfois des conséquences inattendues. En partie sous leur influence, un consensus s'est constitué pour ne pas pas euthanasier les chimpanzés. Au début de la recherche d'un vaccin contre le sida, le chimpanzé apparaissait comme l'unique modèle permettant d'expérimenter. Du fait que ces animaux, qui vivent jusqu'à 45-55 ans, doivent être entretenus jusqu'à la fin de leurs jours, le prix d'un chimpanzé atteint un million de francs. Le coût de certaines expériences vaccinales étant ainsi prohibitif, on peut, à juste titre, imaginer que les recherches initiales aient été significativement retardées. Certaines expériences ont d'ailleurs été effectuées avec des chimpanzés « d'occasion » qui avaient déjà connu la vaccination contre l'hépatite B et d'autres. Aux États-Unis, mille cinq cents chimpanzés vivent dans diverses animaleries. Les groupes activistes estiment que leurs conditions d'existence sont inadéquates. Ils réclament la construction de maisons de retraite pour chimpanzés et demandent au NIH de réserver une enveloppe de cent millions de dollars à cet effet (*cf. Nature*, *388*, 1997, 218).

Unis, déposa une demande de brevet qui contenait plusieurs milliers de séquences partielles provenant de gènes de l'homme. En fait, d'autres demandes, non rendues publiques, l'avaient précédée, et d'autres la suivirent. En perspective, le génome humain pouvait donc devenir la « propriété » de quelques-uns par le biais de quelques brevets comportant chacun des milliers ou des dizaines de milliers de gènes. Un débat agité s'ensuivit. Beaucoup manifestèrent leur désaccord et plusieurs académies s'élevèrent contre ce qu'elles estimaient contraire à l'éthique [6]. Un chercheur français s'illustra en déposant solennellement l'ensemble des séquences dont il disposait à l'UNESCO, voulant marquer par ce geste qu'elles appartenaient au patrimoine de l'humanité. Il n'était pas évident, au plan technique, que les critères de brevetabilité (inventivité et utilité) fussent remplis, mais la question fut finalement tranchée par la pratique. Les offices des brevets, submergés par des milliers de séquences de gènes, ne parvenaient plus à les analyser et modifièrent les règles de dépôt. Ainsi, en 1996, l'office américain décréta qu'une demande de brevet ne pourrait désormais contenir plus de dix séquences de gènes différents. Comme, en 1997, chaque dépôt coûtait sept cents dollars, le dépôt d'une dizaine de milliers de séquences finit par atteindre un montant dissuasif.

Au-delà de cet épisode presque cocasse, tant la hauteur des discussions éthiques contraste avec la banalité de la solution pratique, on ne peut qu'être frappé par la permanence de la confusion entre l'éthique et la technique dans les débats européens. L'article 53 de la convention de Munich de 1973, qui exclut de la brevetabilité les inventions pouvant porter atteinte à l'ordre public et aux bonnes mœurs, confie aux examinateurs de brevets une mission d'ordre éthique, y compris la tâche délicate d'apprécier la douleur ressentie par les animaux. Le débat sur la brevetabilité du génome humain fut lui aussi transposé du cadre technique au plan éthique, rattaché qu'il fut à un débat beaucoup plus général sur l'appropriation du vivant. Dans le même temps, le Parlement européen entretenait une situation délétère, bloquant une directive communautaire en s'appuyant une fois encore sur des références éthiques ou prétendues telles [7]. L'Office européen des brevets, de par son histoire, n'appartient pas à l'Union européenne. En l'absence de directive communautaire, les brevets délivrés par l'OEB pouvaient être contestés dans chacun des pays européens, ce qui entretenait une gêne non négligeable et un doute persistant sur l'étendue de la couverture qu'ils offraient. Les inventions biotechnologiques, en Europe, restaient donc sans statut juridique communautaire, alors que dès 1988 le cadre juridique de la brevetabilité avait été clarifié aux États-Unis. Cette fragilité structurelle des brevets européens contribuait à alourdir les difficultés des biotechnologies en Europe et à dissuader les investissements. L'exécutif européen était bien conscient du problème. La Commission proposa au Parlement un projet de directive qui fut violemment critiqué lors des débats parlementaires, pour être finalement rejeté le 1er mars 1995. Ce n'est qu'en juillet 1997 qu'un compromis fut finalement adopté, après dix ans de discussions. Le compromis laisse toujours place à des considérations éthiques. Il exclut l'être humain et ses éléments naturels du champ de la brevetabilité, tout en reconnaissant que la « matière biologique » (définie comme toute matière contenant une information génétique autoreproductible ou reproductible dans un système biologique) peut être brevetée lorsque les critères d'invention sont respectés. Les plantes et les animaux transgéniques peuvent, selon cette définition, faire l'objet d'un brevet. L'utilité médicale potentielle doit toujours contrebalancer la souffrance que certaines inventions peuvent infliger aux animaux. Des groupes de pression attachés à la défense des animaux s'étaient fortement opposés à la directive et manifestèrent leur profonde déception lorsqu'elle fut adoptée *.

---

* Les représentants de l'industrie pharmaceutique européenne avaient organisé, à l'appui du projet de directive, une campagne d'infor-

Maïs et tomates transgéniques

Pendant que ces débats plus paralysants que stimulants agitaient les sphères européennes, les choses progressaient rapidement aux États-Unis. Plusieurs plantes transgéniques, parmi les premières à avoir été engendrées, avaient été expérimentées à petite puis à plus grande échelle, avant de parvenir sur le marché des semences et sur les étagères des supermarchés américains. Après quoi, elles furent introduites en Europe où leur arrivée fit couler beaucoup d'encre.

À quoi la transgenèse végétale, c'est-à-dire l'introduction de gènes spécifiques dans des plantes, peut-elle servir et quels sont les enjeux ? Après une première période où l'imagination galopa dans toutes les directions, on fit la part du rêve et on s'attaqua à des problèmes simples, précis, réalistes et validés par l'industrie au plan des marchés. Trois catégories de cibles furent retenues. La première consiste à rendre certaines plantes cultivées à grande échelle, comme le blé, le maïs ou le colza, résistantes à tel ou tel herbicide. On les cultive alors en présence dudit herbicide, de façon que les champs soient propres et les rendements plus élevés. On peut épandre l'herbicide dès les semis et, au total, selon les promoteurs de cette approche, on en utilise moins qu'avec les plantes conventionnelles. Une deuxième cible est de rendre les plantes résistantes à des ravageurs, notamment à des virus, des champignons ou des insectes. Le marché mondial des produits phytosanitaires est de l'ordre de trente milliards de dollars et, en dépit de l'usage massif

---

mation et d'explications soulignant le retard européen, indiquant notamment qu'en 1995, sur 150 brevets mettant en œuvre le génie génétique, 122 étaient originaires des États-Unis, 11 d'Europe et 17 du Japon et d'autres pays. Des associations regroupant, en Europe, 18,5 millions de patients atteints de quelque cinq mille maladies rares d'origine génétique avaient aussi apporté leur soutien à la directive (dépêche APM du 8 juillet 1997).

des pesticides, les pertes de rendement provoquées par les maladies ou les ravageurs atteignent souvent 35 %. Enfin, on cherche à améliorer la qualité des produits agroalimentaires destinés à la consommation humaine ou animale. On comprendra qu'il faut ici des connaissances beaucoup plus étendues sur le métabolisme des plantes et qu'interviennent, une fois encore, les programmes d'analyse des génomes : dans le sillage des approches et des technologies développées pour déchiffrer le génome de l'homme, l'étude de plusieurs génomes de plantes progresse à grands pas. Une petite plante à génome compact, l'arabette ou *arabidopsis*, sert de pilote. En 1997, la séquence totale de son génome était bien avancée. Son catalogue de gènes sera extrêmement utile pour identifier leurs homologues dans des génomes plus complexes dont l'étude a été entreprise en parallèle *. On dispose déjà d'une masse importante de connaissances qui permettent d'aborder de façon rationnelle des questions précises, comme le contrôle de la fabrication des acides gras chez le colza **. Plusieurs milliers d'essais en pleins champs de plantes transgéniques (les deux tiers des essais faits dans le monde) avaient été réalisés entre 1987 et 1997 aux États-Unis où, en 1997, la moitié des

* Le génome du riz comporte quatre cents millions de paires de bases et contient donc assez peu d'ADN inutile. Un gros effort a été entrepris pour le cartographier, l'analyser et *in fine* le séquencer. Le génome du blé est plus de cinquante fois plus grand (plus de cinq fois celui de l'homme), en raison d'une quantité considérable d'ADN inutile, mais des blocs de gènes sont apparemment disposés de la même manière, bien que plus « dilués », dans diverses régions chromosomiques.

** Pour être complet, je mentionnerai que les végétaux pourraient aussi servir à produire en masse des molécules d'intérêt pharmaceutique, comme de l'albumine, des hormones ou des anticorps (joliment baptisés « planticorps »). Un intérêt de ce mode de production est qu'il introduit une séparation que l'on imagine radicale avec les pathogènes humains, prions, virus connus ou inconnus, dont on peut toujours craindre, malgré les purifications et les contrôles, qu'ils ne contaminent les préparations médicamenteuses. Le même argument joue contre l'emploi d'animaux transgéniques à cette même fin. On parle aussi de fruits et de légumes qui permettraient de vacciner ceux qui les consomment mais, pour des raisons immunologiques, cette perspective, bien que séduisante, reste lointaine.

surfaces consacrées au coton devaient être plantées avec une variété transgénique rendue résistante à des insectes, tandis que 2 % des champs de soja et 6 % des champs de maïs devaient être plantés avec des variétés transgéniques [8]. Les enjeux, on le voit, ne sont pas minces. On ajoutera que les perspectives ouvertes pour certains pays en voie de développement de produire des espèces végétales mieux adaptées aux conditions locales ne sont plus du tout irréalistes. Certains de ces pays, en Asie notamment, ont développé leurs capacités biotechnologiques à un niveau qui leur permet d'attaquer efficacement de tels problèmes, tout en bénéficiant de l'expérience acquise antérieurement dans les pays industrialisés. Enfin, plusieurs projections suggèrent que la planète pourrait éprouver quelques difficultés à faire face au doublement attendu de la population mondiale sans les améliorations de rendements et la diminution de la pollution par les engrais et les pesticides que beaucoup attendent de ces nouvelles technologies.

Mais y a-t-il des risques à fabriquer et cultiver des plantes génétiquement manipulées ou à en consommer les produits ? Sans décrire et évaluer ici tous les scénarios, on peut examiner les principaux. On peut craindre tout d'abord une dissémination incontrôlée de la plante elle-même. On sait bien, d'expérience, que l'on retrouve des plants de colza à plusieurs centaines de mètres d'un champ cultivé. Mais, sauf à avoir introduit dans la plante un gène qui lui confère un avantage sélectif formidable, le risque de dissémination est le même que pour la plante d'origine. On peut imaginer la dissémination du gène (transgène) porté par la plante. Cela pourrait avoir lieu par transfert, soit dans les bactéries du sol, ce qu'on a recherché mais qu'on n'a pas observé *, soit, de façon plus probable, dans des plantes, notamment

* On observe que de l'ADN végétal provenant de plantes transgéniques ou non transgéniques persiste dans le sol pendant des durées assez longues. Cet ADN n'est pas présent dans des bactéries. Il est adsorbé sur des composants tels que des argiles qui le protègent de la dégradation. *Cf.* Paget *et al.*, *FEMS Microbiol. Letters*, 97, 1992, 31.

sauvages, de la même espèce *. Faut-il redouter l'émergence de variétés végétales résistantes à l'herbicide ou de ravageurs résistants au système de défense dont les gènes auront été intégrés dans telle plante que l'on veut cultiver ? Sans doute, mais ce risque existe déjà avec les herbicides et les produits phytosanitaires conventionnels dont l'usage massif n'est pas sans impact sur les équilibres écologiques **. Les tenants des plantes transgéniques font valoir *a contrario* que l'usage de ces dernières doit diminuer la pollution par ces produits. Au total, le risque principal semble être celui de la dispersion non contrôlée, de plante à plante, de gènes de résistance à un herbicide ou à un ravageur. Le risque n'est pas cosmique. On le relativisera en remarquant que, par le passé, les sélectionneurs ont isolé, de façon empirique et moins explicite, toutes sortes de variétés végétales dont les améliorations sont liées à des modifications génétiques inconnues, sans qu'aucun problème écologique lié à ces sélections ait été relevé.

Quid du consommateur ? Court-il un risque en ingérant des aliments transgéniques ? Le transfert du transgène aux cellules du consommateur paraît bien irréaliste. Le transgène représente un millionième de l'ADN de la plante et si des transferts de gènes se produisaient entre nos aliments et nos cellules, ces dernières seraient farcies de gènes animaux et végétaux provenant de notre alimentation quotidienne. En fait, l'ADN est tout simplement dégradé lors de la digestion. Un aliment transgénique peut-il être toxique ?

---

* Le transfert d'un transgène entre un colza transgénique et la ravenelle, une espèce cousine sauvage – comme on pouvait s'y attendre – a été observé. Ce transfert n'est pas spécifique du transgène en tant que tel. Il signale l'existence de transferts génétiques entre les deux plantes. (*Cf.* Chèvre *et al.*, *Nature, 389*, 1997, 924).

** On pourrait craindre en outre de mettre en péril les espèces d'insectes « positives » comme les abeilles qui jouent un rôle important dans la pollinisation. C'est aussi le cas pour les variétés conventionnelles. En France, des chercheurs de l'INRA ont montré que la vie et le comportement des abeilles n'étaient en rien affectés par des colzas transgéniques (Picard-Nizon *et al.*, *Transgenic Res.*, *4*, 1995, 270).

À moins que le transgène ne soit le vecteur de cette toxicité, il faut imaginer qu'un dérèglement du métabolisme de la plante, provoqué par l'intégration ou l'expression du transgène, engendre une toxicité imprévisible. L'hypothèse est difficile à éliminer, mais bien improbable. Ici encore, il faut se rappeler que toutes sortes de réarrangements génétiques se produisent lors des sélections classiques sans qu'aucun problème de toxicité ait jamais été repéré.

Au total, on voit difficilement où se trouvent les risques planétaires et les dangers inquiétants auxquels nous exposeraient les plantes transgéniques. Qu'en raison de leur caractère innovant elles aient été soumises à une attention critique accrue est parfaitement normal. Mais on aperçoit mal, et de moins en moins à mesure que les expérimentations s'accumulent, où résiderait leur nocivité spécifique. Cela ne signifie pas qu'elles ne puissent poser des problèmes d'ordre écologique, comme d'autres végétaux, mais rien, au plan de la réalité expérimentale, ne pousse aujourd'hui à les singulariser.

Le maïs transgénique Bt produit par Novartis a été rendu résistant à la pyrale, un papillon qui pond ses œufs dans les tiges que les larves rendent ensuite cassantes. Pour ce faire, le gène codant pour une toxine provenant de *Bacillus thuregiensis* (Bt) a été introduit dans son génome. Cette toxine est strictement spécifique des lépidoptères et *Bacillus thuregiensis* a été utilisé pendant longtemps comme instrument de lutte biologique contre certains insectes. Le maïs Bt, étant stérile, ne peut transmettre ses gènes (dont le gène Bt) par les voies naturelles *. Le maïs Bt était cultivé à grande échelle depuis plusieurs années aux États-Unis lorsqu'il fut introduit en Europe. La France produit plus de 80 % du maïs européen et six cent mille hectares cultivés sont traités contre les lépidoptères avec des agents

* On a d'ailleurs noté à cette occasion que l'homologue sauvage du maïs, la téosinte, avec laquelle il serait le plus susceptible d'échanger ses gènes, est absente d'Europe, probablement parce que le maïs, et lui seul, a été rapporté d'Amérique par Christophe Colomb.

chimiques reconnus assez peu efficaces. L'introduction du maïs Bt fit l'objet d'une demande qui fut examinée au niveau européen, puis au niveau français, par de nombreuses instances dont la Commission de génie biomoléculaire qui, après une étude approfondie, l'approuva sans réserve. De façon surprenante, le gouvernement français accorda, le 4 février 1997, l'autorisation d'utiliser ce maïs dans l'alimentation. Puis, le 12 février 1997, il refusa qu'il soit cultivé, arguant de risques totalement irréalistes que la Commission de génie biomoléculaire avait évalués et tenus pour négligeables *. Pourquoi une telle incohérence ? Protectionnisme déguisé ? Satisfaction donnée à des groupes de pression ? Ignorance, incompétence, ou manque de courage des responsables politiques ? Finalement, le 27 novembre 1997, un autre gouvernement accordera l'autorisation de cultiver le maïs transgénique en France. Cette décision soulèvera l'indignation des mouvements écologistes [9].

La tomate à maturation contrôlée de Calgene prétend à une amélioration de qualité plutôt qu'à une amélioration de rendement et vise un marché beaucoup moins important. L'innovation découle de la découverte que la maturation de certains fruits, dont les tomates, les pêches et les melons, est contrôlée par une hormone dont la synthèse se déclenche à un stade préliminaire de la maturation. Cette hormone induit l'expression d'un certain nombre de gènes. L'un d'entre eux est impliqué dans le ramollissement du fruit et c'est pour bloquer son expression qu'un petit segment d'ADN codant pour une séquence antisens ** a été

---

* Ce qui entraîna, logiquement, la démission de son président, A. Kahn. Fin 1997, son successeur n'était pas nommé. Pendant dix mois au moins, tous les dossiers en examen seront restés bloqués, y compris des dossiers d'essais cliniques. L'un d'entre eux, potentiellement important pour la mise au point d'un vaccin contre le sida fut transféré aux États-Unis, mais l'essai clinique aura connu, de ce fait, un retard de six mois.

** Il s'agit d'un ARN complémentaire de l'ARN messager naturel codant pour l'enzyme PG (endopolygalacturonase). Cette séquence ne code pour aucune protéine et ne peut être soupçonnée de causer une

introduit dans le génome de la tomate. Les tomates ainsi obtenues mûrissent normalement mais ramollissent beaucoup moins vite. Elles peuvent être récoltées plus tard et sont plus faciles à transporter et à conserver. La première tomate a été développée, semble-t-il, à partir d'un précurseur dont les propriétés organoleptiques n'étaient pas optimales. D'autres tomates ont été élaborées et des melons à mûrissement contrôlé ont vu le jour en France [10]. La tomate de Calgene fut commercialisée dès 1994 comme produit frais puis, en 1995, comme concentré, aux États-Unis et, un an plus tard, en Grande-Bretagne. Son introduction en Europe donna lieu à un débat animé, focalisé sur son étiquetage.

Les variétés végétales conventionnelles ne font pas l'objet d'un étiquetage systématique. On achète des tomates de France, d'Espagne ou du Maroc, sans en savoir plus. Les concentrés de tomates (les « ketchups ») sont généralement fabriqués à partir de mélanges de tomates qui peuvent avoir des origines diverses et dont les caractéristiques ne sont pas explicitées sur les étiquettes. La question posée était de déterminer si la tomate transgénique devait être, ou non, traitée comme une variété végétale fondamentalement différente, ce qui justifierait que son étiquetage soit rendu obligatoire. Bien entendu, si l'on considérait que son caractère transgénique présentait le moindre risque pour les consommateurs, l'étiquetage était indispensable. L'enjeu du débat était donc, une fois encore, de désigner ou non les produits transgéniques comme possiblement dangereux. La philosophie des directives européennes de 1990, on l'a vu, pose comme principe la dangerosité du génie génétique. Il n'est donc pas surprenant que le Parlement européen qui les avait votées se prononce vigoureusement en faveur de l'étiquetage, alors que l'exécutif européen, la Commission,

---

toxicité directe. Elle se colle à l'ARN messager de la PG pour en bloquer spécifiquement le décodage en protéine (Smith *et al.*, *Plant. Mol. Biol.*, *14*, 1990, 169).

œuvrait dans le sens opposé. La prise de conscience qu'il n'y avait aucun moyen technique fiable de faire respecter un éventuel étiquetage ne manqua pas de renforcer l'aigreur et la dramatisation. Finalement, l'étiquetage ne fut pas imposé. Il est intéressant de noter qu'en Grande-Bretagne la non-dangerosité de principe des produits transgéniques a été reconnue en 1995. La tomate de Calgene fut volontairement étiquetée comme « transgénique » par le distributeur et cette mention, semble-t-il, devint rapidement un argument promotionnel pour les concentrés qui en étaient porteurs.

Persistance et dissémination des préjugés

On ne peut tenir les événements qui précèdent pour anecdotiques lorsqu'on les resitue dans leur cadre socio-économique. Dans presque tous les secteurs d'application des sciences du vivant, les États-Unis occupent désormais, et en raison des innovations issues du génie génétique, une position qui domine très largement et dominera longtemps celle de l'Europe. C'est attesté par de nombreux index, tels que le nombre des brevets, ou encore le nombre d'emplois créés ici ou là dans le secteur des biotechnologies. Il existait, en 1996, plus de mille trois cents entreprises de biotechnologie aux États-Unis, employant près de cent vingt mille personnes. En Europe, vingt-sept mille cinq cents personnes sont employées dans quelque sept cents entreprises de dimensions et de potentiel beaucoup plus réduits *. L'Eu-

* Ces chiffres proviennent d'un rapport d'Ernst et Young *European Biotech 97 : Volatility and Value*. Plus de 80 % des sociétés européennes emploient moins de cinquante personnes. Les sommes investies en recherche et développement sont d'environ six cents millions d'euros en Europe, contre cinq mille huit cents aux États-Unis. Deux des premières biotechs américaines qui ont connu des réussites spectaculaires, Genentech et Amgen, dépensent à elles seules près de cinq cents millions

rope, en population et en volume d'activité économique, occupe un périmètre équivalent, sinon supérieur, à celui des États-Unis, mais son potentiel d'innovation biotechnologique est évalué à environ 10 % du potentiel américain. Ce dernier est d'ailleurs largement alimenté par des capitaux européens. À ce rythme, on peut, sans grand risque d'erreur, prévoir que d'ici une ou deux décennies une masse considérable de produits liés à la santé et à l'alimentation dépendront d'innovations américaines. Le coût de cette dépendance reste à chiffrer. Certes, les entreprises européennes vont s'approvisionner aux États-Unis en innovations biotechnologiques. Mais les ressources sont investies d'un côté de l'Atlantique et non de l'autre, provoquant un déficit d'emplois en Europe où des milliers de docteurs en sciences biologiques ne trouvent pas d'embauche *, tandis que d'autres, formés à grand prix en Europe, sont recrutés aux États-Unis. La fuite des cerveaux prend ici une dimension notable **. Cette situation ne manque pas de préoccuper de nombreux responsables, tant au sein de l'Union européenne

d'euros, presque autant que toutes les biotechs européennes en R & D. Les capitaux européens sont largement investis aux États-Unis. Les grandes sociétés pharmaceutiques européennes ont investi plus de trois milliards d'euros dans les biotechs américaines en 1995. La Grande-Bretagne occupe la première place en Europe en 1997. Ses activités en matière de biotech sont, selon divers index, supérieures à celles de la France et de l'Allemagne réunies. L'Allemagne a entrepris un gros effort pour combler son retard.

* Selon une enquête menée au sein du ministère de l'Enseignement supérieur, toutes disciplines scientifiques confondues, environ 5 000 thèses de doctorat ont été soutenues en 1995 en France. Environ 1 400 docteurs entrent dans la recherche publique, 1 500 partent en stage postdoctoral, 700 rejoignent une entreprise, une centaine vont dans l'enseignement secondaire, une centaine au service national, 200 dans l'administration et 800 sont sans emploi. Le nombre cumulé des docteurs sans emploi est très certainement supérieur. L'avenir des postdoctorants est très incertain, une fraction ne trouvera pas d'emploi. 45 % des docteurs ès sciences recensés dans l'étude sont des biologistes.

** On estimait, fin 1997, que toutes activités confondues (biotechnologies, informatique, etc.) vingt-cinq mille Français, principalement des chercheurs, des ingénieurs et des entrepreneurs, travaillent dans la seule Silicone Valley, en Californie.

que des États membres. Elle est le produit de plusieurs facteurs ou tendances que l'on cherche, ici et là, à corriger. L'absence en Europe, jusqu'à une date relativement récente, de marchés boursiers adaptés aux financements des technologies avancées et à risque a certainement eu un impact négatif *. Mais il est indéniable que le poids des contraintes réglementaires, les retards pris dans la clarification du droit des brevets, la suspicion des opinions publiques ont joué un rôle funeste.

Un « eurobaromètre » a été mis en place pour suivre l'évolution des opinions publiques dans les pays européens. Sa livraison 1997, comme les précédentes, révèle des attitudes ambivalentes et contrastées [11] dont l'analyse suggère que les risques ne constituent pas le seul sujet, ou le sujet de préoccupation majeur, dans des opinions largement réservées. Ce seraient aussi une mauvaise perception de l'utilité de certains produits et une forte réticence en matière d'acceptabilité *morale* qui prévaudraient dans les jugements négatifs. Pourtant, c'est bien la notion de risque qui est centrale dans beaucoup de discours politiques, tels que ceux tenus au Parlement européen pour récuser l'importation du maïs transgénique, par le gouvernement français pour en refuser initialement la culture et par les porte-parole des écologistes qui, au nom du désormais banal « principe de précaution » (voir chapitre VIII), continuent de s'y opposer **.

---

* Il était impossible d'introduire en bourse une entreprise qui n'affichait pas un bilan positif, ce qui excluait *de facto* toutes les biotechs. La création de l'EASDAQ, équivalent du marché américain NASDAQ, spécialisé dans les technologies avancées, date de 1997.

** La décision prise le 27 novembre 1997 par le gouvernement français d'autoriser la culture du maïs transgénique de Novartis a suscité de vives réactions de la part des écologistes. Deux députés écologistes, M. H. Aubert et N. Mamère, ont résumé, dans un article intitulé « Génie génétique et génie politique » (*Le Monde*, 5 décembre 1997), les arguments invoqués à l'encontre de cette décision. J'extrais les plus significatifs. On trouve plusieurs fois l'affirmation non justifiée de l'existence de risques et l'appel sans surprise au principe de précaution. « Toutes les assurances données *a posteriori* par les pouvoirs publics n'y changeront

On constate, me semble-t-il, au moins en Europe une différence d'attitude assez nette entre ceux qui ont, ou n'ont pas, reçu une information de nature technique relativement approfondie. Tous ceux qui, à titre professionnel, bien que d'horizons différents – mais que leurs détracteurs jugeront « intéressés » – ont eu à se pencher sur les questions posées par la biotechnologie apparaissent largement convaincus de son innocuité et de son utilité. Tel est le cas de la communauté des biologistes, dans son écrasante majorité, mais aussi d'analystes financiers, de juristes et de nombre de responsables et de décideurs dans les États et les administrations. C'est en revanche dans la sphère de ceux qui n'ont pas reçu l'information technique que les réserves sur les risques et l'utilité, et sans doute sur l'acceptabilité morale, restent vives. On y trouve, bien sûr, quelques chercheurs obéissant à des raisons et des motivations diverses *. L'opposition récurrente entre la Commission, où sont élaborés les dossiers au plan technique, et le Parlement européen fournit une bonne illustration d'un clivage qui, à mon sens, reflète

---

rien. Il y a bel et bien risque de dissémination et de mutations aux conséquences inconnues. Il fallait donc appliquer le principe de précaution. Au lieu de cela, on a préféré donner un coup de pouce aux apprentis sorciers et aux multinationales. » Et ailleurs, toujours sans justification : « [...] notre gouvernement vient de donner une nouvelle dimension aux menaces de dénaturation et d'appauvrissement de la biodiversité ». Par une décision qualifiée de « prométhéenne », « ce choix du gouvernement risque de nous enfermer dans l'alternative impossible : gènes modifiés contre pesticides. Dans les deux cas, il s'agit de cautionner le modèle de l'agriculture productiviste dont nous ne voulons plus. Où sont passées les promesses de l'agriculture diversifiée, extensive et de qualité ? Et l'agriculture biologique ? Serait-elle une nouvelle fois réservée aux babas cool ? » Le commentaire ici renvoie à une philosophie naturaliste plus intéressante, de même que d'autres appels au débat et au dialogue préalable à la prise de décision démocratique. La conclusion peut néanmoins paraître excessive : « Comme l'écrivait Jacques Ellul, nous voici au cœur d'une nouvelle “ incertitude fondamentale ” qui place l'humanité dans une situation beaucoup plus inconfortable que tous les aléas des saisons et des famines. »

* J'ai noté, par exemple, que les physiciens du nucléaire se déclarent souvent effrayés par le génie génétique, croyant peut-être avoir trouvé chez les biologistes des frères d'infortune quant à la dangerosité perçue de leurs activités respectives.

au moins deux phénomènes. Le premier est, sans nul doute, une méfiance du public vis-à-vis des techniciens et des experts et, peut-être, comme nous le discuterons plus loin (chapitre VIII), vis-à-vis de la science en général. Le second est lié au niveau d'acculturation dans le champ de la technique ainsi qu'au niveau d'information. Nous voici renvoyés à notre questionnement premier avec, maintenant, un point d'ancrage : une bonne connaissance d'une situation complexe mais bien documentée, et un point de comparaison : la différence entre l'Europe et les États-Unis.

Je laisserai de côté toute discussion sur les références culturelles, souvent très différentes des deux côtés de l'Atlantique et sur le fossé (à mon sens croissant et trop souvent sous-estimé) qui se creuse entre les cultures européenne et nord-américaine, pour me concentrer sur le point suivant : que s'est-il produit dans le débat public en Europe qui explique la dérive que nous constatons sur les biotechnologies ? Tout simplement la distinction entre les risques *potentiels* et les risques *avérés* a été perdue. La qualification de « potentiel », qui, comme nous le verrons plus loin, joue un rôle premier dans l'analyse méthodique des risques, a été égarée en chemin. Restent alors le risque et la dangerosité qui y est associée. Tout en découle, y compris l'indignation devant la diffusion d'une tomate transgénique non étiquetée comme telle, indignation qui serait totalement justifiée s'il y avait le moindre risque, mais qui ne l'est pas si l'hypothèse du risque a été écartée. La presse porte de multiples traces de cette confusion. Combien d'articles ou d'émissions mettent sur un pied équivalent les risques génétiques et les risques nucléaires * ? Or des bombes atomiques

---

* Voici un exemple parmi beaucoup d'autres. Dans *L'Express* du 13 juin 1996, un article intitulé « Ces risques qui suscitent la peur » mettait sur le même plan la génétique, le nucléaire et l'informatique, avec trois illustrations sous-titrées : « Le risque génétique. Bien sûr l'eugénisme est une menace. Mais connaît-on toutes les conséquences du bricolage de l'ADN de certaines plantes ? » – « Le risque nucléaire. Tchernobyl est dans tous les esprits et, à l'Est, d'autres centrales sont tout aussi

ont bien explosé et l'accident de Tchernobyl a bien eu lieu. Le risque nucléaire est *avéré*. Quelles morts ont été provoquées par le génie génétique, quels accidents doit-on imputer aux biotechnologies ? Aucun à ce jour. Les risques sont hypothétiques et, compte tenu de l'expérience et du savoir accumulés dans divers domaines, ils apparaissent, si l'on peut dire, de moins en moins réels. Cela ne veut pas dire qu'il faille évacuer toute vigilance. Mais on conviendra qu'il n'est pas approprié d'appliquer les mêmes raisonnements ni les mêmes méthodes, ni de payer le même coût social pour la gestion de risques avérés, qu'il faut maîtriser au mieux, et celle de risques potentiels, déjà évalués comme négligeables, et dont il faut continuer à vérifier l'absence de réalité.

Les médias portent ici une responsabilité indéniable. En matière d'information, quelle est la fonction première des journalistes sinon de rechercher les *faits* et de les délivrer au public avec le maximum de précision et d'exactitude possibles ? À titre d'exemple, reprenons certains commentaires indignés de journalistes pour qui le non-étiquetage de végétaux transgéniques fait courir au consommateur cobaye un risque qu'il n'est pas en mesure d'apprécier *. En l'occurrence, ceux qui ont contribué à accréditer l'idée de dangerosité ont diffusé une information inexacte. D'où vient leur erreur ? De propager un *préjugé*, sans avoir effectué le travail de recherche et de *vérifier les retours de réalité*. Or ce

---

dangereuses. Mais quid du trafic de matières fissiles ? Et que faire de tous ces déchets radioactifs ? » – « Le risque " informationnel ". De la carte bancaire à celle de la santé, nos faits et gestes sont connus. Internet est déjà censuré, et les moins riches n'ont pas accès au monde virtuel. » On notera que le journaliste n'écrit rien qui soit véritablement faux. Mais, en mettant sur le même pied les trois catégories de risques, il se fait involontairement le promoteur de préjugés infondés.

* Par exemple, l'éditorial du *Monde* du 17 janvier 1997, intitulé « Les docteurs Folamour du marché » ; on y lit : « Mais comment nier que la décision prise se fait au détriment du consommateur qui n'a actuellement pas grand-chose à gagner au plan nutritif ou gustatif [...]. Rien, si ce n'est de pouvoir choisir d'en subir ou non d'éventuelles conséquences négatives. »

rôle, qui échoit aux journalistes, me paraît fondamental. Qui d'autre qu'eux peut le remplir ? Certes, il n'est pas facile et il est aussi du devoir des journalistes de rendre compte des opinions des uns, des autres, des groupes de pression et, pourquoi pas, d'exprimer les leurs *. Mais leur responsabilité essentielle reste de séparer les faits des opinions et de donner aux premiers la primauté sur les secondes. Comment, demandera-t-on, les mêmes questions sont-elles traitées aux États-Unis ? Généralement dans un mode plus précis, plus concis et plus factuel. On citera souvent plus de faits, plus de chiffres et plusieurs opinions ou avis qui seront impitoyablement confrontés aux premiers. C'est par ce processus qu'est opérée cette recherche systématique des retours de réalité qu'en matière scientifique et technique on pratique apparemment mieux là-bas qu'ici **.

Voilà qui est d'autant plus important que les médias sont les informateurs quasi exclusifs de secteurs entiers de la population : non seulement du grand public mais aussi, dans une large mesure, des politiques et de certains décideurs. Il y a peu de temps que certaines institutions politiques se sont dotées d'instances d'évaluation technolo-

* Un article bien documenté et par ailleurs mesuré sur les plantes transgéniques illustre bien la façon dont les journalistes prennent position. Des chercheurs du CNRS ont produit une sorte de luzerne transgénique, manipulée de façon qu'elles relarguent des substances nutritives appelées opines dans la rhizosphère. Ils constatèrent qu'au voisinage de ces lotiers transgéniques les bactéries capables de les dégrader proliféraient en grand nombre. L'expérience avait été menée précisément pour analyser ce phénomène et le résultat obtenu était en quelque sorte attendu. Le journaliste (*Le Monde*, 7 janvier 1998) entame son article par les phrases suivantes : « En autorisant, il y a quelques semaines, la culture du maïs transgénique, le gouvernement français n'a guère dérogé au “ principe de précaution ” réclamé par les écologistes. De l'avis de tous les experts, cette variété serait sans danger pour l'environnement comme pour la santé. *A contrario*, il semble sage que la culture de toute autre plante transgéniquement manipulée ait été – pour le moment – interdite. Car de nombreuses incertitudes demeurent sur l'impact que peuvent avoir ces variétés sur leur environnement biologique, comme vient de le montrer une nouvelle étude... »

** Ce qui n'empêche pas la presse américaine de connaître par ailleurs des débordements ou des dérapages spectaculaires.

giques *. Bien évidemment, les politiques ne peuvent être compétents en tout. Les débats qui eurent lieu au Parlement européen à propos de l'étiquetage de la tomate de Calgene reflètent une superbe ignorance ou, plus exactement, un niveau d'acculturation qui correspond assez précisément à celui fourni par les médias. On vit bien alors comment, partant de prémisses fausses ou pour le moins discutables, le bon sens et la logique du droit aboutirent, avec la meilleure bonne volonté, à un édifice cohérent mais hors du réel : puisque la tomate transgénique était possiblement dangereuse, il fallait que les consommateurs de purées, coulis et ketchups soient informés du risque, et l'étiquetage du ketchup devenait une affaire importante de santé publique. Pourtant, cela n'a guère de sens si le risque est inexistant, pas plus qu'il n'y a de sens, plus généralement, à fabriquer des règlements contraignants et coûteux pour la manipulation des organismes génétiquement modifiés s'ils ne présentent aucun danger. L'information fournie par les médias a donc un double impact sur les hommes politiques, indirect par le biais de leurs électeurs dont ils écoutent l'opinion, et direct par le canal de leur information propre. Le débat sur la tomate transgénique au Parlement européen – comme sur certaines directives communautaires – aurait pris une tout autre tournure si les députés avaient été autrement informés. Je ne doute pas au demeurant que les attitudes négatives vis-à-vis du maïs et de la tomate transgénique soient assorties d'une inquiétude sincère. Mais, comme il sera discuté plus loin, la peur n'est pas le meilleur moteur du bon fonctionnement des systèmes démocratiques.

* Par exemple, en France, l'Office d'évaluation des choix technologiques de l'Assemblée nationale.

Chapitre III

PROBLÈMES ET FANTASMES LIÉS À LA PROCRÉATION

Pourquoi, dès 1974, alors que l'on venait tout juste de recombiner et de cloner quelques gènes ou segments de gènes, évoqua-t-on d'emblée la manipulation génétique de l'espèce humaine et la création de génies ou de monstres ? Pourquoi de telles projections fantasmatiques prirent-elles corps et s'ancrèrent-elles dans l'esprit du grand public ? Sans doute étaient-elles déjà présentes dans les inconscients ou les mémoires. On notera que le génie génétique naquit dans un certain flou sémantique. Le vocable de « manipulations génétiques » qu'on utilisa beaucoup au départ pouvait prêter à confusion *. Le terme même de génétique était porteur d'ambiguïté. La génétique, alors, était réputée être la science de l'hérédité, plus que la science des gènes dont l'étude ne constituait qu'un bras mineur d'une discipline axée sur les traits génétiques des individus et sur leurs répartitions dans les populations. Les gènes, dans les années 1970, n'avaient pas acquis la popularité qu'ils ont aujour-

* Le terme assez peu heureux de « manipulations génétiques » est sans doute une traduction déviante de l'expression anglo-saxonne *gene manipulation* ou manipulation des gènes. On utilisa ensuite *gene splicing* (*splicing* = épissage, illustrant la notion de recombinaison) puis *genetic engineering* dont les équivalents possibles sont « ingénierie des gènes » ou « génie génétique ».

d'hui ; les médias n'utilisaient l'acronyme ADN qu'avec réticence et précaution et le grand public ignorait tout des clones et du clonage. Ce qui était qualifié de génétique – et plus encore les « manipulations génétiques » – pouvait donc être perçu comme renvoyant aux individus et aux populations. Quoi qu'il en soit, on peut à la fois s'étonner de cette confusion qui conduisit à assimiler la problématique des gènes à celle de la procréation, et admirer l'intuition populaire. Il n'était pas évident pour les spécialistes de l'époque que l'introduction de gènes dans ces êtres unicellulaires que sont les bactéries ouvrirait à brève échéance la voie à la modification génétique d'animaux entiers, ce qui fut accompli dès 1981, lorsque naquit la première souris transgénique. Mais, au-delà d'ambiguïtés sémantiques, ce qui facilita l'amalgame fut le fait que, par coïncidence et à la même époque, se développèrent de façon totalement indépendante des techniques de manipulation des embryons humains *.

La procréation médicalement assistée

Le premier bébé éprouvette, Louise Brown, naquit en 1978, en Grande-Bretagne. L'opération avait consisté à isoler des ovules de la mère, à les féconder *in vitro* avec des spermatozoïdes du père, puis à réimplanter plusieurs ovules fécondés chez la mère, avec l'espoir que l'un se développe. Cette expérimentation s'inscrivait dans la longue lignée des efforts entrepris pour résoudre des problèmes de stérilité qui avaient déjà débouché sur les méthodes d'insémination

* On peut trouver des traces d'une appropriation sémantique du génie génétique par des manipulateurs d'embryons. Par exemple dans *Le Désir du gène* (Paris, Flammarion, « Champs », 1992, p. 12), J. Testart écrit à propos des manipulations de la procréation sexuée : « Pour gagner le futur qu'elle se destine, l'espèce va perdre en fantaisie, marges et pénombres. Pour vouloir gagner l'espèce va perdre. C'est la fonction géniale du " génie " génétique. »

artificielle *. Mais, avec la fécondation *in vitro* que l'on baptisa bientôt Fivette, les potentialités ouvertes par l'acte technique atteignaient une tout autre dimension : le passage par le tube à essai autorisait la congélation des ovules fécondés pour des périodes de temps indéfinies. En outre, ces derniers pouvaient être réimplantés chez d'autres femmes que la mère naturelle. Ainsi, la notion de temps biologique liée à l'espacement des générations se trouvait-elle fortement ébranlée **. De façon beaucoup plus immédiate, la location de mères porteuses appelait une réglementation. La filiation des enfants qui venaient ainsi au monde pouvait donner lieu à contestation. Le statut des ovules fécondés congelés devait être précisé. Bien qu'on se situât en amont de l'avortement, certains jugeaient qu'ils méritaient le qualificatif de personne humaine et que leur destruction était criminelle. Enfin, on pouvait, en perspective, imaginer que les ovules fécondés soient triés pour tel ou tel caractère, à commencer par le sexe ou, de façon tout à fait futuriste, qu'ils fassent l'objet d'autres manipulations *in vitro* et, notamment, d'introduction de gènes nouveaux, avant leur réimplantation. La voie eût alors été véritablement ouverte à la manipulation génétique de l'espèce humaine.

Tout cela méritait que l'on réfléchisse et que l'on débatte, ce dont, à juste titre, on ne se priva point. Une forte exposition médiatique aidant, avec, ici ou là, des interventions plus ou moins directes du monde politique et des administrations, on en vint à réglementer la Fivette et, dans le même élan, d'autres aspects immédiats ou prospectifs de la procréation médicalement assistée. La France fut le premier pays à créer, en 1986, un Comité consultatif national

---

* Dans les pays industrialisés, on estime à environ 5 % la proportion des couples souffrant d'infertilité et à 10 % la proportion de ceux qui connaissent des problèmes d'hypofertilité soit, au total, environ cinquante mille couples par an en France. Il s'agit donc d'un problème social de grande ampleur.

** Elle l'avait déjà été par la capacité de congeler du sperme ou des ovules.

d'éthique. Il joua un rôle très structurant dans ces discussions et ses recommandations firent souvent référence. En France, l'idée de légiférer s'imposa dans son principe, et mûrit dans deux projets de lois qui furent votées en 1994. Ces lois sur la bioéthique réglementent sévèrement la Fivette, et proclament l'interdiction de pratiquer des manipulations génétiques sur l'embryon humain. Des dispositions du même ordre furent prises dans d'autres pays ; un comité d'éthique fut créé au niveau de l'Union européenne, et ce fut alors l'occasion, partout dans le monde, à ma connaissance, de converger sur un principe : les manipulations génétiques de l'espèce humaine étaient, en quelque sorte, proscrites.

C'est donc aux années 1980 qu'il faut faire remonter sinon la naissance, du moins l'épanouissement de ce qui prit le nom de « bioéthique ». Si on les inscrit dans leur dimension historique, on conviendra que les avancées de la biologie avaient déjà donné de sérieux coups de boutoir au sens commun. Que l'on pense tout d'abord à l'éradication des théories vitalistes par les progrès de la biochimie et de la biologie moléculaire vers le début et la moitié du XXe siècle. Ou encore à l'impact du darwinisme, resituant l'homme dans un processus évolutif que nous avons encore de la difficulté à considérer comme inachevé – ce qu'il est nécessairement. L'adaptation de la pensée religieuse n'a pas été facile si l'on en juge, à titre d'exemple, par les lenteurs remarquables de l'adaptation de la doctrine catholique officielle *, ou encore par le refus pur et simple de l'évolution, érigé en principe par les théories créationnistes **. Les pre-

* L'encyclique *Humani generis* de Pie XIII, en 1950, admettait qu'il n'y a pas d'incompatibilité radicale entre l'évolution des espèces et l'ontogenèse au sens biblique. Ce n'est que le 23 octobre 1996 que le pape Jean-Paul II, dans un discours très remarqué, prononcé devant l'Académie pontificale, porta une appréciation claire sur le darwinisme dont il déclara qu'il était « plus qu'une hypothèse ».

** Le mouvement créationniste reste très vigoureux aux États-Unis où, au nom de la liberté d'opinion, les théories créationnistes sont ensei-

mières capacités d'intervention sur la procréation ont fortement heurté certaines attitudes sociales ou religieuses : souvenons-nous de la réaction incroyablement négative que put, dans certaines sphères, susciter l'accouchement sans douleur ; de la réticence de l'Église romaine devant l'emploi du préservatif, jusque dans les pays africains ravagés par l'épidémie du sida ; ou de la vivacité des débats concernants l'avortement. Or voici maintenant que les manipulations d'embryons *in vitro* portent atteinte aux assises mêmes du droit, tout entier construit autour de la notion de filiation qui fonde l'appartenance à la famille comme la dévolution du patrimoine. On comprend que la bioéthique se soit rapidement développée et que des forums se soient constitués pour débattre aussi bien des problèmes immédiats que des lignes de forces qui dessinent le futur [1]. L'espace public ainsi ouvert a permis l'expression de réflexions nombreuses et mis en lumière des courants de pensée qui, sans cela, n'auraient sans doute pas acquis une aussi bonne visibilité. N'étant ni éthicien ni bioéthicien, ce n'est pas de bioéthique que je vais discuter ici mais de l'un de ces courants qui s'appuie sur une confusion épistémologique intéressante.

La première Fivette fut effectuée, en France, en 1982. La naissance d'Amandine, quatre ans après celle de Louise Brown, fut abondamment médiatisée et saluée comme un progrès majeur de la « recherche ». Or, peu après, l'un de ses promoteurs, Jacques Testart, qui tira gloire d'avoir pratiqué une « première », appela à un arrêt des « recherches » parce que celles-ci « allaient trop loin [2] ». Cette démarche spectaculaire lui donna une certaine notoriété *. Mais qu'en était-il ? Les pratiques de transplantation d'embryons avaient été développées, chez l'animal, pour la reproduc-

---

gnées dans certaines écoles (D. Lecourt, *L'Amérique entre la Bible et Darwin*, Paris, PUF, 1992).

* Il semble qu'il ait des émules puisque, en 1997, l'annonce d'une autre « première », la fécondation d'un ovule par des spermatides, fut suivie d'un appel à la prudence formulé par son auteur (*Le Monde*, 15 février 1997).

tion, principalement, des ovins et des bovins. Leur transposition à l'homme n'avait rien de très innovant. Bien sûr, il fallait adapter les conditions, modifier quelques paramètres, mais l'acte posé par les auteurs de ces manipulations d'embryons humains n'était pas, à mon sens, un acte de recherche, entendue comme démarche cognitive. Il s'agissait d'une application pure et simple qu'il fallait décider d'entreprendre ou, si on préfère, *oser* faire. L'emploi, sans précision ni précaution, du qualificatif de recherche utilisé par certains promoteurs de la Fivette et abondamment repris par les médias contribua à accréditer une double confusion dans l'esprit du grand public. On put ainsi amalgamer des chercheurs qui travaillaient dans des laboratoires sur la structure et la fonction des gènes avec des « cliniciens expérimentateurs » qui, en liaison avec le milieu hospitalier, manipulaient des embryons pour tenter de résoudre des problèmes de stérilité. Dans la même veine, on oblitéra *de facto* la distinction primordiale entre l'acquisition de connaissances par la recherche et l'exploitation du savoir en vue d'applications.

Cette double confusion n'est pas innocente, surtout lorsqu'elle est exploitée pour fonder un système de pensée selon lequel, les recherches allant trop loin et débordant les mécanismes de contrôle sociaux, il conviendrait de les arrêter. Car la réalité est toute simple. Ces transferts d'embryons sont, en fait, des actes de même nature que des essais cliniques mais qui, à l'époque, en raison de leur caractère non pharmaceutique, échappaient aux règles ordinaires. Je m'explique. Lorsqu'un produit nouveau, un médicament ou un vaccin, doit être expérimenté chez l'homme, le déroulement des essais cliniques est soumis à des réglementations extrêmement rigoureuses. La qualité des produits est très sévèrement contrôlée et les protocoles des essais cliniques doivent recevoir l'aval de plusieurs comités et, finalement, l'accord des autorités de santé. Il est hors de question, dans ces conditions, de mener des essais cliniques « sauvages » qui n'auraient pas reçu les autorisations requises. Mais l'encadrement réglementaire est beaucoup moins serré lorsque l'expérimentation clinique ne requiert pas l'administration de produits nouveaux. C'est le cas, par exemple, de gestes chirurgicaux innovants que les praticiens peuvent expérimenter avec beaucoup moins de contraintes. Il en allait de même pour les transferts d'embryons qui pouvaient être pratiqués presque librement, en raison du vide réglementaire qui régnait à l'époque. Le problème posé après la naissance de Louise Brown, en 1978, puis celle d'Amandine, en 1982, était de combler ce vide, ce que fit, en France, la loi sur la bioéthique de 1994. On notera d'ailleurs que la publication de la loi a effectivement assaini la situation, éteint les polémiques et réglé les principaux problèmes.

Peut-être doit-on regretter qu'il ait fallu plus de dix ans pour qu'elle émerge. Sans doute faut-il rendre hommage à l'action militante de ceux qui ont contribué à la promouvoir, même au prix du retournement de leur propre pratique. J'observerai, avec pragmatisme, que les mécanismes sociaux jouent plus aisément lorsqu'ils sont confrontés à des réalités plutôt qu'à des hypothèses, et que, concernant la Fivette, il fallait qu'une situation de fait soit créée pour que le corps social réagisse par un aménagement de la réglementation. L'épisode, alors, nous montrerait une fois encore que la gestion des innovations par la société requiert une forme d'expérimentation sociale. Toutefois, si l'on s'inquiète des éventuels débordements de la science dans ses applications à l'homme, il vaut mieux, pour éviter les confusions stérilisantes, prendre en compte deux points essentiels. D'une part, toute expérimentation chez l'homme fait intervenir une catégorie professionnelle spécifique, celle des « cliniciens expérimentateurs ». D'autre part, cette profession a ses règles et ses activités sont encadrées par des réglementations précises *. Mettre en question la recherche

* Les sanctions peuvent être lourdes pour ceux qui voudraient transgresser les règles. En 1981, aux États-Unis, le Dr Cline tenta une expérience de thérapie génique sur des patients atteints de thalassémie contre l'avis de son université. Il fut démis de ses fonctions.

en tant que productrice de connaissances en l'amalgamant à cet acte et à ce moment précis où la décision d'expérimenter sur l'homme est prise constitue une dérive épistémologique dangereuse sur laquelle je reviendrai.

La brebis la plus médiatisée au monde

La naissance de Dolly, la première brebis clonée à partir d'une cellule adulte, fut annoncée en 1996. Si le clonage de Dolly peut être résumé en une phrase, la réalité expérimentale est moins simple [3]. Des cellules adultes (de glande mammaire d'une brebis gestante) furent prélevées, cultivées pendant quelques jours dans des conditions qui leur permettent de terminer le cycle cellulaire, puis réintroduites une à une dans des ovocytes non fécondés dont le noyau avait été extrait. Les cellules adultes remplacent donc le noyau de l'ovocyte mais, à la différence de ce dernier qui ne comporte qu'un seul jeu de chromosomes, les cellules adultes en comportent deux. L'ovocyte ainsi reconstitué possède donc la caractéristique princeps de l'ovocyte fécondé par un spermatozoïde, dans lequel ce dernier a délivré un deuxième complément chromosomique. Il n'est cependant pas identique à un ovocyte fécondé, pour diverses raisons, dont le fait que les programmes d'expression des gènes des cellules adultes ne sont pas les mêmes que ceux de l'ovocyte naturellement fécondé. Environ deux cent cinquante ovocytes reconstitués furent réimplantés dans treize brebis. Une seule naissance eut lieu et Dolly, un an plus tard, ne présentait aucune anomalie importante. Le principe de l'expérience n'était pas nouveau. En 1952, deux embryologistes américains avaient remplacé les chromosomes d'œufs de grenouilles par des cellules embryonnaires (au stade blastocyste) et obtenu des têtards. Plus tard, on obtint des batraciens adultes. La même approche fut utilisée en 1984 pour obtenir, à partir, cette fois encore, de cellules embryonnaires, des moutons adultes, puis, en 1986, des bovins. La nouveauté, dans le clonage de Dolly, est d'avoir réussi avec des cellules adultes, grâce à des aménagements trop techniques pour être discutés ici.

Si l'on considère cette ligne antérieure de réalisations, la naissance de Dolly était plutôt attendue qu'inattendue. Elle déclencha cependant une tempête médiatique d'une rare ampleur. Elle fit, dans le monde entier, la une de la plupart des journaux * et suscita nombre de prises de position publiques et politiques. La condamnation de toute application à l'homme fut immédiate et quasi unanime. Les académies, les comités d'éthique [4], les hommes politiques, le Vatican, les intellectuels de tous bords, les journalistes y allèrent de leurs commentaires et de leur plume. « Dolly hors-la-loi » titre un éditorial [5] où il est noté : « notre pays n'est pas plus qu'un autre protégé de l'enfer que constitue la création de clones humains », avant qu'un article [6] ne constate en pleine page que « les instances internationales ne peuvent pas interdire le clonage humain ».

La vigueur des réactions de rejet fut extrême. On invoqua d'effroyables risques pour l'humanité que l'on justifia par l'évocation fantasmatique, une fois encore, d'armées de clones humains génétiquement manipulés. On fit allusion à de formidables enjeux économiques dont la nature ne fut jamais précisée. On évoqua encore, mais sans justification définie, « un risque énorme : celui de défaire l'espèce aux fins de la reconstruire [...]. Le clonage humain triomphe dans cette catégorie de manipulations qui fait violence à l'humanité ». « Une décision mondiale est urgente [7]. » On convoqua l'éthique, souvent, cette fois, avec des arguments clairs et intéressants. Selon Lucien Sève [8], « ce qui condamne sans appel le clonage humain c'est que [...] il ne s'agirait jamais que de donner naissance à un être humain en vue d'une fin autre que lui-même, autrement dit, d'en

---

* *Newsweek* titra : « Peut-on cloner les hommes ? » *Der Spiegel* illustra l'événement par une couverture où défilaient des clones d'Hitler, d'Einstein et d'un mannequin.

faire, dès le départ, un moyen [...]. En somme, l'humanité serait radicalement niée, non dans le cloné mais dans le clone lui-même ». Lucien Sfez [9], pour sa part, s'interroge sur la « peur de clones ». Il y voit deux raisons principales. D'une part, l'interdit jeté sur le clonage de l'homme serait avant tout d'origine religieuse : « Seul Dieu peut créer la vie. Qui s'aventure à usurper ce pouvoir s'expose à la colère divine. » D'autre part, « le clonage abolit aussi la notion de filiation. Le clonage supprime alors le niveau symbolique qui est distance de soi à soi [...] car le clone n'est ni l'autre ni le même, c'est une conjugaison angoissante des deux. » Et de conclure par une interrogation sur le mythe d'Athéna, fondatrice d'Athènes et de notre civilisation, qui sortit de la cuisse ou de la tête de Zeus. « Mythe positif s'il en est », qu'on pourrait lire « à la lumière de l'interdit judéo-chrétien : seul Zeus, le dieu des dieux, peut engendrer un clone ». À ces commentaires pénétrants on ajoutera que nombre de scientifiques, surtout dans les pays anglo-saxons, jugèrent qu'un moratoire serait plus approprié qu'une interdiction *. Dès la fin 1997, la grande presse américaine relevait un glissement d'opinion, certains défendant haut et fort l'idée que le clonage humain pourrait être admis dans quelques cas [10], avant que, inévitablement si l'on peut dire, un individu annonce son intention de lever des fonds pour entreprendre de telles opérations [11].

Mais quelle est la nature réelle et immédiate du risque qui nécessiterait d'urgence une législation mondiale ? J'avoue qu'en faisant l'exercice – auquel j'invite le lecteur – de bâtir les scénarios les plus dramatiques qui soient, je ne parviens pas à me convaincre d'une catastrophe imminente.

---

* On retrouve ici, comme dans beaucoup d'autres situations, l'attitude pragmatique très marquée dans la culture anglo-saxonne, doublée de l'approche par essais et erreurs si développée aux États-Unis qui, par son côté « darwinien », confère au système américain une partie de sa souplesse. La culture latine met souvent en avant des contrôles *a priori* plutôt qu'*a posteriori* sous forme de lois ou de règles qui encadrent l'action individuelle.

Bien sûr, ici encore, on joue avec les paramètres « normaux » de la vie biologique, par exemple avec le décalage dans le temps des naissances, si l'on clonait des cellules congelées d'adultes ou de vieillards – mais c'est une problématique déjà posée par la congélation des embryons. Imaginons maintenant un passage à l'acte : nous voici, pour l'essentiel, reconduits au problème de l'inné et de l'acquis pour lequel nous disposons d'un repère, celui des jumeaux vrais dont l'existence, en nombre limité il est vrai, ne paraît pas poser un problème dramatique à l'humanité et nous instruit par ailleurs sur l'importance considérable de l'acquis *. Enfin, la perspective d'armées constituées d'hommes-robots ne m'émeut guère. En admettant que cela entre dans le domaine du possible, et considérant le temps de croissance des humains, il faudrait quelque temps pour la constituer. Surtout, il existe suffisamment de drogues psychotropes et neurotropes pour asservir les hommes sans qu'il y ait besoin de recourir, de façon bien aléatoire, à la génétique pour bâtir, si tel était le projet, des bataillons d'esclaves dociles **.

---

* Certains biologistes ont ainsi noté, non sans finesse, que la popularité de Dolly aurait pour bénéfice d'orienter les projecteurs médiatiques sur les limites du « tout génétique » : alors qu'une avalanche de données sur les gènes humains et sur leurs fonctions nous immerge toujours plus dans un bain idéologique marqué par le déterminisme génétique, il est important que l'on rappelle le poids de l'épigenèse, de l'environnement et des apprentissages. Ce que le Comité consultatif national d'éthique a fait dans son avis du 22 avril 1997 et que son président, Jean-Pierre Changeux, a rappelé dans un article du *Monde* du 13 août 1997. Il y mentionne, par exemple, que de vrais jumeaux adultes peuvent présenter des aires du langage latéralisées dans les hémisphères cérébraux opposés.

** Au demeurant, fin 1997, on n'était pas encore tout à fait assuré que Dolly soit normale. Certains, par exemple, ont évoqué l'hypothèse qu'ayant été engendrée à partir d'une cellule adulte, elle naisse, en quelque sorte, avec l'âge de cette dernière et, par conséquent, vieillisse prématurément. À mesure que des cellules « vieillissent », par divisions successives à partir d'une cellule ancêtre, les extrémités de leurs chromosomes, les télomères, raccourcissent. La longueur des télomères semble donc constituer un indicateur du vieillissement. L'âge d'une cellule dont les télomères sont courts est donc, en quelque sorte, enregistré, et la « remise à zéro » de l'âge de la cellule ne paraît pas assurée. Si tel

Peur de l'inconnu et crainte de la connaissance

Aux inquiétudes soulevées par l'ignorance vinrent s'ajouter d'autres, suscitées cette fois par la connaissance elle-même. Comment allait-on gérer cette masse considérable de données possiblement indiscrètes sur les gènes et les génomes ? La question est non seulement recevable, mais capitale. Les enjeux sont importants. Encore faut-il les cadrer convenablement et ne pas s'égarer dans des problématiques douteuses.

Deux courants ont nourri les recherches sur le génome humain : la détermination de la carte génétique et le séquençage. Le séquençage, nous l'avons vu, a débuté par la détermination de la séquence d'un nombre croissant d'ARN messagers (sous forme de leurs ADN complémentaires). Cette approche permettait d'écarter la masse d'ADN inutile (90 à 95 %) qui dilue cette information au niveau des gènes et des chromosomes. L'information contenue dans les ARN messagers est aussi la plus signifiante puisqu'elle fournit la séquence de la protéine codée par le gène. En revanche, ces séquences sont déterminées quasiment au hasard et sans la moindre référence à la position des gènes sur les chromosomes. Produire une carte génétique consiste, au contraire, à faire la géographie des chromosomes. On procède en deux temps : on commence par identifier des jalons que l'on positionne le long des chromosomes, puis on localise les gènes un à un par rapport à ces bornes dont le nombre et la densité déterminent la précision

---

était le cas, l'intérêt de cloner des humains destinés à mourir jeunes ou plus susceptibles aux pathologies de la vieillesse apparaîtrait sans doute moindre – ou plus scandaleux encore. Quant au clonage de Dolly, il resterait dans l'histoire des sciences comme une expérience fondatrice pour analyser les causalités du vieillissement.

de la carte *. Le moteur de la cartographie, tant au plan de la motivation qu'au niveau méthodologique, fut la recherche des origines génétiques des maladies héréditaires. Lorsqu'une maladie n'est provoquée que par un seul gène défectueux, ce dernier est souvent distribué chez les membres d'une même famille d'une façon qui permet de le repérer. En effet, les génomes de deux êtres humains ne sont pas rigoureusement identiques. Ils présentent quelques millions de différences ponctuelles dont beaucoup sont silencieuses, notamment celles situées dans l'ADN inutile. Ces polymorphismes, comme on les nomme dans le jargon des généticiens, permettent de repérer les chromosomes réassortis par des recombinaisons. Si on réussit à corréler les manifestations de la pathologie avec un ou plusieurs de ces repères chromosomiques polymorphes, on peut parvenir à localiser le gène responsable de la maladie quand bien même on ignore sa fonction. Après quoi, on peut isoler la région correspondante du chromosome où, à force de travail, on arrive souvent à le repérer. Cette approche s'est avérée très productive **. Le séquençage de la totalité du

* L'ensemble du génome humain comporte trois milliards de paires de bases et environ cent mille gènes constitués de quelques milliers à quelques dizaines de milliers de paires de bases. Puisqu'il est nécessaire de disposer d'au moins un jalon par gène, on s'accorde à penser qu'une carte qui contiendrait un million de jalons, espacés, en moyenne, de trois mille paires de bases, aurait une précision suffisante pour localiser tous les gènes.

** Il est intéressant de souligner que l'acquisition des premières cartes génétiques de l'homme a mis en œuvre un mode d'organisation nouveau et original pour la biologie. Les chercheurs qui dans le monde travaillaient sur les molécules très polymorphes du système HLA s'étaient organisés en réseau pour partager leurs réactifs et leurs informations. Le Pr Jean Dausset, qui reçut le prix Nobel en 1980 pour la découverte du système HLA, transposa ce type d'organisation au plan génétique en créant le Centre d'étude du polymorphisme humain, ou CEPH, où furent rassemblés les ADN d'individus appartenant à des familles bien répertoriées. Ce fut cette banque de génomes qui permit d'entreprendre l'élaboration de la carte génétique. Ce projet reçut une accélération considérable lorsqu'une petite association de malades, l'Association française contre la myopathie (AFM), s'ouvrit l'accès aux médias pour organiser ce qui devint, en France, un rendez-vous télévisuel annuel, le Téléthon. Les dons

génome humain ne peut être réalisé sans carte génétique ; lorsqu'il aura été effectué, il englobera toutes les informations déjà accumulées sur la carte et les gènes, et permettra de compléter le catalogue de ces derniers.

C'est dans ce contexte qu'il faut resituer l'anecdote suivante. Fin 1992, invité à participer à un colloque axé sur le thème « Analyse du génome humain : liberté et responsabilité », j'eus la surprise de découvrir un texte issu d'un colloque antérieur (« Patrimoine génétique et droits de l'humanité »), tenu en 1989, et qui contenait l'énoncé suivant : « Une cartographie du génome humain ne peut être établie qu'avec beaucoup de prudence, sans précipitation, en se fondant sur une approche des grandes maladies et non sur un souci de connaissance pure. » Ce texte avait été élaboré par des juristes dans un atelier sur « Génome humain et devoirs de l'humanité » et repris dans la synthèse finale [12]. Confronté à l'un des auteurs du texte, je réclamai son abrogation et rompis quelques lances. Il ne s'agissait pas, en effet, comme je l'avais cru un moment, d'un malentendu, mais bien d'une démarche prétendument logique fondée sur la notion simpliste que si la connaissance de la carte génétique (entendons aujourd'hui, de façon plus large, des gènes de l'homme) était susceptible d'exploitations qui pouvaient être dangereuses (comme l'usage de l'information génétique concernant un individu à des fins de discrimination), il suffisait, après tout, de couper le robinet de la connaissance à la source, d'en laisser couler goutte à goutte le petit filet qui améliorerait la connaissance des grandes maladies, mais sans se fonder sur un souci de « connaissance pure [13] ». Et

---

des téléspectateurs lui fournirent des subsides importants qu'avec une intelligence remarquable l'Association décida d'affecter pour partie à l'élaboration de la carte génétique et de la cartographie des maladies héréditaires monogéniques. Ainsi naquit le Généthon, un laboratoire spécialisé, organisé de façon quasi industrielle, qui put progresser rapidement. Le CEPH et le Généthon, avec d'autres collaborations nationales et internationales, donnèrent une impulsion importante à la génétique humaine. Les premières cartes génétiques de l'homme furent ainsi publiées en 1992 (*Science*, *238*, 1992, 67-86 ; Nature, *359*, 1992, 794-801).

comme j'avançais, entre autres arguments, qu'il est difficile de trier le bon grain de l'ivraie alors qu'on ignore même ce que l'on va trouver, on évoqua l'hypothèse d'en interdire la publication au nom d'une entorse aux « bonnes mœurs » – disposition utilisée pour interdire, en France, les publications encourageant le racisme et le révisionnisme. L'idée de contrôler l'émergence du savoir en contestant la finalité de la « connaissance pure » est, à mes yeux, totalement irrecevable. Formulée à propos de la carte génétique de l'homme, elle témoigne tout d'abord d'une ignorance profonde de la chose scientifique, ou plus exactement des contresens qui peuvent naître d'une connaissance insuffisante et mal assimilée. Mais ce défaut d'acculturation scientifique chez ce groupe de juristes ne suffit pas à expliquer la dérive épistémologique traduite en une proposition inacceptable, qui évoque les bûchers de l'Inquisition. Notons que ce dérapage est, une fois encore, autorisé, sinon provoqué, par l'amalgame entre science et applications de la science, qui conduit à interroger un mélange des deux, abusivement recouvert du vocable de recherche. On en arrive à bâtir des édifices logiques, apparemment cohérents, mais qui, nous le verrons dans le chapitre VIII, sapent de façon pernicieuse une certaine vision de la démocratie.

Pour autant, l'accumulation des connaissances sur les gènes et les génomes pose effectivement un certain nombre de problèmes. Beaucoup ont déjà été identifiés. Le problème de la confidentialité vis-à-vis d'informations sur les gènes des individus fut posé dès le début des années 1980 aux États-Unis. On venait de découvrir un procédé commode pour dépister une anomalie dans un gène codant pour l'hémoglobine humaine. Les individus porteurs de cette mutation pouvaient développer des insuffisances respiratoires qui constituaient un facteur de risque accru pour eux-mêmes et pour l'exercice de certaines activités professionnelles. Était-il légitime, comme une compagnie d'assurances le prétendit, d'élever le coût de la police individuelle ? ou d'interdire l'accès à certaines professions ? Plus généralement, qui a le pouvoir de demander des analyses génétiques ? Qui est le propriétaire des résultats ? Qui peut y avoir accès ? Comment éviter que des tiers non autorisés se procurent l'information et en tirent avantage, ou l'utilisent au détriment de l'individu ? Ces questions sont typiques du secret médical et les lois sur la bioéthique de 1994 les ont fait rentrer dans ce cadre. Sans être vraiment neuves, elles sont rendues plus aiguës par la multiplication très probable des informations sur les caractéristiques génétiques individuelles. Leur gestion, au plan statistique, lorsqu'il s'agit d'étudier la répartition de gènes mutants dans une population, pose des problèmes de confidentialité spécifiques. Leur utilisation, légitime au plan médical et individuel, est par ailleurs souvent délicate parce que dans de nombreux cas la connaissance de ces mutations ne fait qu'indiquer une prédisposition à telle ou telle maladie, c'est-à-dire une probabilité accrue de la développer. S'il existe des possibilités de prévention, l'information de l'individu s'impose. Lorsqu'il n'existe aucun traitement préventif ou curatif, elle est beaucoup plus problématique.

Quand on les étudie une à une et qu'on cherche à les résoudre de façon pragmatique au cas par cas, les difficultés immédiates ou prévisibles, posées par la connaissance des gènes et des génomes n'ont rien d'insurmontable. À l'inverse, et sans faire un panégyrique excessif et idéalisé des bienfaits à en attendre, on ne peut passer sous silence le fait que la médecine est entrée dans une période de mutation [14]. Les pleins effets ne seront pas visibles avant quelque temps, mais les énormes efforts de recherche en cours déboucheront nécessairement sur un nombre considérable de procédés thérapeutiques ou préventifs nouveaux. La connaissance de la structure et, surtout, de la fonction d'un nombre croissant de gènes humains ouvre la voie à des recherches sur un nombre croissant de cibles thérapeutiques *. Les techniques de chimie combinatoire permettent de synthétiser et de tester, aujourd'hui beaucoup plus rapidement qu'hier, un très grand nombre de molécules chimiques pour trouver, de façon semi-empirique, des inhibiteurs et des activateurs spécifiques du produit de tel ou tel gène. Bien sûr, des connaissances manquent encore pour apprécier l'effet d'une molécule active, d'un médicament potentiel, sur l'ensemble d'un organisme, mais le savoir biologique s'étend rapidement. L'emploi de modèles animaux et, notamment, d'animaux transgéniques dans lesquels le gène d'intérêt peut être étudié, permet de défricher l'effet de ces candidats médicaments sur un organisme entier. Cela n'éliminera pas la nécessité de procéder à des essais cliniques où, parfois, des effets secondaires, des toxicités inattendues ou un manque d'efficacité seront reconnus. Mais on doit s'attendre à l'émergence d'un nombre élevé de médicaments totalement nouveaux, comme de pratiques thérapeutiques nouvelles, parmi lesquelles la thérapie génique ouvre des perspectives intéressantes bien qu'à mes yeux elles aient été médiatisées de façon excessive **.

---

* C'est pourquoi la valeur commerciale d'un gène nouvellement découvert, doté d'une fonction identifiée et importante et bien protégé par des brevets, peut atteindre des sommes très élevées. En 1995, le gène de l'obésité fit l'objet d'une tractation entre l'université Rockefeller et la société Amgen pour un montant qui s'élèverait à quatre-vingt-dix millions de dollars.

** Le principe consiste à corriger ou à compenser, par l'introduction d'un ou plusieurs gènes, les défauts fonctionnels d'un groupe de cellules, d'un organe, ou d'un système. Cela pourrait s'appliquer, au premier chef, aux maladies héréditaires monogéniques, comme la mucoviscidose. Celle-ci apparaît lorsque le père et la mère, chacun porteurs d'un gène mutant dont le défaut est corrigé par le gène actif porté par l'autre chromosome, donnent naissance à un enfant porteur de deux gènes mutés sur les deux chromosomes homologues. Puisque la maladie se développe dans les poumons, on cherche à délivrer aux cellules pulmonaires, par les voies aériennes, un gène actif qui compense localement le défaut génétique. La thérapie génique pourrait avoir beaucoup d'autres cibles, notamment dans le domaine des cancers où l'on cherche à introduire dans les cellules tumorales des gènes qui en provoquent sélectivement la destruction. Simple dans son principe, la thérapie génique est beaucoup

Je n'entrerai pas ici dans des disputes sur l'aliénation de l'homme par l'extension de la pratique médicale, ni sur le règne de l'argent sur la santé. Ce sont des inquiétudes que l'on peut nourrir face aux perspectives ouvertes par le développement de cette nouvelle science médicale. Mais, constatant qu'il existe tant de besoins médicaux non satisfaits, et que les chances de progrès sont élevées, je ne me sens pas enclin à un pessimisme obsessionnel. Il est un point, cependant, sur lequel je partage certaines des inquiétudes ambiantes, c'est la question de l'eugénisme.

L'eugénisme a plusieurs facettes. L'eugénisme négatif, au nom duquel, pour améliorer l'espèce ou la race, on stérilise ou on élimine physiquement des individus porteurs de défauts héréditaires – ou présumés tels –, a perdu tous ses droits, y compris le droit à l'expression, après les atrocités nazies. Nous savons pourtant qu'il n'est pas entièrement mort. L'eugénisme positif propose d'éviter des naissances, soit que, par le conseil génétique, on évite la procréation d'un individu dont on sait qu'il sera porteur de tares héréditaires incurables, soit que par l'avortement on élimine le conceptus chez lequel on aura constaté, par des analyses fiables, un défaut génétique grave. La pratique de l'avortement s'étant répandue, en dépit de fortes résistances, souvent d'origine religieuse, et les techniques

---

plus complexe dans la pratique. Un premier problème est de déterminer combien de cellules doivent être corrigées de façon à obtenir l'effet thérapeutique. Dans le cas de la mucoviscidose, on estime que la correction de 10 % des cellules pulmonaires défectueuses serait suffisante mais, sachant qu'un poumon déployé occupe une surface de trois cents à quatre cents mètres carrés, on peut imaginer que les problèmes de ciblage et d'accessibilité des cellules ne soient pas négligeables. Dans le cas des cancers où l'échappement d'une seule cellule tumorale peut être à l'origine d'une rechute ou d'une métastase, il n'est pas réaliste d'imaginer toucher la totalité des cellules tumorales sans mettre en place des dispositifs complémentaires dont, au premier chef, l'activation du système immunitaire. Au total, et bien que fortement médiatisée et soutenue, la thérapie génique est encore dans les limbes. Peut-être la publicité, à mes yeux excessive, dont elle est l'objet signe-t-elle son inscription dans une forme d'utopie génétique, de « génétomania » qui confère aux gènes une omniprésence, voire un rôle dominant et démesuré.

analytiques s'étant considérablement développées et affinées, on doit s'attendre à une vague d'eugénisme positif. Il est clair qu'elle devra trouver des limites qui sont encore mal tracées aujourd'hui, dès lors que la détermination d'un certain nombre de traits génétiques *non pathologiques*, à commencer par le sexe, deviendra une affaire de routine. Certains s'en émeuvent beaucoup, imaginant que nous nous dirigeons vers une sorte de commerce génétique où chacune et chacun voudra tout choisir pour sa progénie [15]. Je ne partage pas cette agitation. Même s'il y a des difficultés (s'agissant notamment des traits génétiques associés en probabilité et non de façon clairement déterministe à des pathologies), je ne vois pas ce raz de marée inarrêtable qui transformerait l'acte de procréation en une visite dans un supermarché génétique. Mon inquiétude est d'un autre ordre. Elle touche à l'*exploitation idéologique* de connaissances qui sont en cours d'acquisition sur les gènes et les génomes.

« Il n'y a pas, avait coutume de dire Jacques Monod, de pire virus que le virus idéologique. » Les épidémies idéologiques sont promptes à se répandre. En matière de gène et de génétique, il y a tout lieu de rester vigilant. Comme je l'ai déjà souligné [16], il est probable que l'étude et le décryptage des polymorphismes génétiques chez l'homme révéleront un certain nombre de corrélations avec ce qui sera défini comme des traits de comportement. On peut constater aujourd'hui que le climat idéologique qui entoure la génétique est de plus en plus marqué par une surinterprétation déterministe des faits de la génétique. Dans l'équilibre incertain entre l'inné et l'acquis, on laisse une place croissante à l'inné. Des pulsions en faveur d'un déterminisme fort s'expriment avec insistance, y compris chez les scientifiques. Elles sont illustrées par l'émergence récurrente de publications, toujours reprises par la grande presse, mais pour l'heure chaque fois démenties ou oubliées, décrivant, par exemple, le ou les « gènes du crime » ou les « gènes de l'homosexualité ». Il faut être pleinement conscient du fait que la notion de détermination génétique du comportement a deux corrélats immédiats : une perte de *liberté* au niveau individuel et une perte d'*égalité* au plan collectif. La voie est ainsi ouverte à des exploitations idéologiques de toutes sortes au premier rang desquelles on risque de trouver des discours racistes renouvelés et dotés d'une apparente légitimité par des interprétations fallacieuses des progrès de la connaissance scientifique.

Cela a été beaucoup dit, mais nous ne devons pas oublier que les excès de l'eugénisme ont participé à la fondation du nazisme. Les biologistes, tout particulièrement, ont ici un devoir de mémoire. Je pense qu'ils n'ont pas fait suffisamment retour sur les fondements prétendument scientifiques de l'eugénisme. C'est un fait d'histoire, nourri depuis peu par un nombre croissant de publications, qu'une partie importante de la communauté des biologistes, dans les années 1930, a promu ou accepté des pratiques eugénistes que nous jugeons aujourd'hui insupportables [17]. Or c'est bien, là aussi, par une surinterprétation des données de la génétique de l'époque que l'on attribua aux gènes un pouvoir de détermination sur des comportements jugés socialement aberrants, tels que l'alcoolisme, l'homosexualité ou la schizophrénie. Avec toutes les apparences d'une logique sans faille, on s'autorisa, dans nombre de pays occidentaux, le passage à l'acte et des dizaines de milliers d'hommes et de femmes furent ici et là stérilisés contre leur gré. Cet humus ne put que favoriser la déviation raciste monstrueuse du nazisme [18].

Ce n'est donc pas l'accroissement des connaissances qu'il faut craindre le plus, ni l'incapacité supposée du corps social à en contrôler les applications. C'est *l'exploitation idéologique* à laquelle certains ne manqueront pas de se livrer et à laquelle il faudra résolument opposer les arguments de savoir, de raison et d'éthique. À ce stade, la qualité de l'information délivrée au public est capitale. On voit bien qu'une information de mauvaise qualité, ou simplement insuffisante, peut être plus délétère que l'absence d'information, parce qu'elle peut nourrir des préjugés que seule une information équitable et approfondie, délivrée sur le long terme, peut combattre et réduire. Sans doute faut-il faire retour sur nous-mêmes, nos propres préjugés, notre langage. Peut-être devrions-nous, pour commencer, bannir de notre langue le terme d'*eugénisme*, que nous utilisons abondamment. N'est-il pas, dans sa construction même, pervers, parce qu'il associe la notion de bien *(eu-)* à celle de gène ? Il propage l'extrapolation abusive de la notion contraire, à savoir que certains gènes sont responsables de maladies *. Sans doute enfin nous faut-il encore et sans relâche cultiver l'éthique sans compromission intellectuelle. C'est ce que nous rappelle le très beau « Message aux enseignants » de Vercors [19] : « J'adjure les éducateurs qu'ils réfléchissent bien. Certes, la tentation est grande de répondre aux racistes dans leur propre domaine quand on est aussi sûr que nous le sommes qu'ils ont tort. Mais c'est une tentation dangereuse. À partir du moment où nous aurons introduit nous-mêmes le cheval de Troie des arguments pour et contre, des preuves que l'adversaire peut toujours discuter, cela deviendra vite une discussion de savants ; et dans une discussion de savants, l'enfant saura-t-il juger qui a raison et qui a tort ? Je suis certain que ce qu'il faut faire, c'est exactement le contraire. Ce qu'il faut montrer aux enfants, dès le départ, c'est que ce que nous appelons humanité se situe justement hors de toute biologie, absolument hors du terrain où les racistes prétendent se tenir et seraient trop heureux de nous entraîner. »

⁂

* Ce que l'on désigne comme eugénisme positif dans les pratiques généralement acceptées aujourd'hui est, en fait, de la « prévention génétique ». Ce terme serait beaucoup plus approprié.

On peut reprocher aux médias d'avoir propagé une certaine confusion sur la manipulation des gènes et celle des embryons. Il est vrai que beaucoup de journalistes manquaient, au départ, de connaissances et de culture scientifiques, ce que l'émergence d'un corps plus nombreux de journalistes scientifiques tend à corriger. On reconnaîtra que les médias ont facilité la diffusion des fantasmes en évoquant à plaisir la création de monstres, en prêtant aux biologistes des pouvoirs démesurés, et en préférant trop souvent le sensationnel au sérieux. On peut être choqué par l'ampleur du traitement médiatique réservé à la brebis Dolly. Mais Dolly offre, après tout, un magnifique sujet de discussions, une occasion de s'interroger, de réfléchir, d'échanger des arguments, de débattre [20]. Dolly a aussi le charme de la nouveauté et du spectaculaire et, dès lors que, des chefs d'État jusqu'au Vatican, les prises de position publiques affluaient, l'événement était créé hors de la presse elle-même. On notera par ailleurs les efforts très significatifs faits par les médias pour traiter avec beaucoup de sérieux et de précautions toutes les questions touchant de près ou de loin au racisme. Quoi qu'il en soit, ce rapide examen de questions concernant la procréation montre bien l'existence d'un fossé entre la réalité scientifique et la perception du public. Cette fois, la béance est autant le fait de médias que la résultante d'une percolation d'idées, de réactions ou de sentiments dont la presse rend normalement compte. Les débats sur la procréation et sur la bioéthique en général ont permis d'exprimer toutes sortes d'opinions et de concepts dont certains sont contestables, ou mal fondés, mais instructifs, même s'ils doivent être réfutés : dans bien des cas, ce qui est ici en cause, c'est une certaine perception de la nature et du contrôle de la science et de ses applications. Nous y reviendrons.

Dans le monde, onze millions d'enfants meurent chaque année avant l'âge de cinq ans, beaucoup par défaut de vaccination, rappelait l'Organisation mondiale de la santé, dans son rapport annuel rendu public fin avril 1997. Mille enfants par jour meurent du sida, annonçaient l'UNICEF et l'OMS en juillet 1997, peu après la révélation de l'existence de Dolly. D'une certaine manière, nous le savions un peu. Ces dramatiques annonces sont moins nouvelles que la naissance de Dolly ; elles n'auront pas donné lieu à tant de commentaires vertueux.

Chapitre IV

LA FASCINATION DES ONDES

Mémoire de l'eau et transmission par les ondes

En mai 1988 *, le quotidien *Le Monde* se fit l'écho de résultats exposés dans un congrès sur l'homéopathie, à Strasbourg, par le Dr Jacques Benveniste, un chercheur français de bonne réputation. Il y était rapporté que des solutions de molécules d'anticorps conservaient une activité biologique ** bien qu'elles fussent diluées au point qu'il ne pouvait rester aucune molécule d'anticorps dans la solution. L'interprétation proposée était que l'eau qui avait été utilisée dans les dilutions gardait l'« empreinte » des molécules actives, d'où le joli nom de « mémoire de l'eau » qui fut désormais attaché à ce peu vraisemblable phénomène. Je

* *Le Monde*, 29-30 mai 1988. Sous le titre « Les molécules fantômes de l'homéopathie. Une base scientifique pour une discipline contestée ? », le quotidien entame en première page une description du mystérieux phénomène, en rappelant plus loin que le 6 mars 1985 il avait déjà évoqué des résultats positifs obtenus, après une forte dilution, par le Dr Jacques Benveniste. Le quotidien mentionnait alors que la rigueur et la méthode logique des expérimentations étaient garanties par l'unité 200 de l'INSERM, dirigée par le Dr Jacques Benveniste.

** En l'occurrence, la capacité qu'ont les anticorps de type IgE de provoquer *in vitro* la dégranulation de certaines cellules, les basophiles.

me souviens d'avoir refermé le journal avec stupéfaction en me demandant si une publication scientifique verrait jamais le jour.

Un article scientifique parut bel et bien, un peu plus tard, dans une revue internationale prestigieuse, *Nature*, dans laquelle il est difficile de publier tant la demande est forte et le taux de rejet des articles soumis est élevé. Toutefois, la publication était assortie de commentaires très réservés où il était annoncé de surcroît que *Nature* se rendrait dans le laboratoire de Jacques Benveniste afin de s'assurer sur place de la réalité des faits [1]. Une telle procédure était exceptionnelle et je n'en connais aucun autre exemple. Les données expérimentales, désormais accessibles, n'étaient pas très impressionnantes. Elles avaient été acquises de façon somme toute assez conventionnelle, à l'aide d'une seule technique, connue pour être difficile à maîtriser et à reproduire. L'interprétation n'était pas dépourvue de logique mais fort peu vraisemblable : si les dilutions étaient actives sans contenir de principe actif, elles devaient en avoir gardé l'empreinte, peut-être sous forme d'amas de molécules d'eau modelées sur la molécule active par des interactions faibles, espèce de cristaux liquides qui serviraient de matrice à d'autres, et ainsi de suite. Encore fallait-il que les données expérimentales fussent reproductibles.

L'article déclencha un sérieux tintamarre et le courrier des lecteurs de *Nature* se fit abondant. L'incrédulité y côtoyait l'ironie. Plusieurs lecteurs accusèrent la revue de publier de la pseudo-science. La plupart exprimèrent leur conviction que les résultats étaient le fruit d'erreurs, de contaminations ou d'artefacts. Tel était d'ailleurs mon sentiment. Au plan de l'administration de la preuve, les données paraissaient faibles. Il aurait fallu, pour convaincre, que des résultats convergents fussent obtenus avec deux techniques indépendantes et non avec une seule, réputée délicate. Au demeurant, quel chercheur n'a pas, une fois au moins dans son existence de biologiste, obtenu des résultats mirobolants, contraires au sens commun et à toute théorie raisonnable et qui, avec une désespérante régularité, s'avèrent non reproductibles après quelque temps * ? Il ne s'écoula pas deux mois avant que *Nature* publie deux courtes notes provenant de groupes réputés compétents qui n'avaient pu reproduire les résultats de Jacques Benveniste et de ses collaborateurs [2]. L'opinion s'installa donc rapidement, chez la plupart des biologistes, que la mémoire de l'eau était de l'ordre de la fiction plus que de la réalité.

La visite annoncée par *Nature* et « négociée » en contrepartie de la publication de l'article eut lieu en juillet 1988. Surprise : outre le rédacteur en chef, John Maddox, et un scientifique spécialisé, le groupe comprenait un magicien réputé pour ses talents de manipulateur. *Nature* ne pouvait montrer plus clairement sa volonté d'explorer l'hypothèse que les données expérimentales avaient été fabriquées. Le compte rendu de la visite parut dans *Nature* quelques semaines plus tard [3]. Ce morceau d'anthologie de littérature anglo-saxonne contenait un dosage parfait d'arguments factuels, de raisonnements hypothéticodéductifs, relativisés par l'emploi, en nombre, des adjectifs « probable » et « possible », de l'adverbe « peut-être » et de doubles négations. La conclusion était qu'il paraissait extrêmement improbable que les expériences de Jacques Benveniste fussent correctes ; un léger doute planait sur la possibilité que les données aient été manipulées. Quoi qu'il en soit, il en découlait de façon à peu près évidente que la mémoire de l'eau était purement et simplement une fiction.

Jacques Benveniste, comme il est de règle, eut la pos-

---

* G. Ourisson (*La Recherche*, n° 257, 1993, p. 1014-1015) rappelle, de façon intéressante, qu'en 1941 un physicien alsacien, E. Heintz, avait rapporté des résultats étonnamment analogues à ceux de la mémoire de l'eau. Il avait observé des fluctuations périodiques, mesurées par des techniques physiques, dans les dilutions successives effectuées à partir de diverses solutions de sels (E. Heinz, *Naturwissenschaften*, *29*, 1941, 713). Des collègues n'ayant pu reproduire ses résultats, il procéda à une autocritique rigoureuse et publia, en 1942, une rétractation très ferme de ses résultats antérieurs (*ibid.*, *30*, 1942, 642).

sibilité de répondre, et dans plusieurs écrits publiés par *Nature* il défendit pied à pied ses expériences et leur interprétation, tout en pourfendant ses détracteurs avec énergie [4]. Il ne convainquit pas et perdit rapidement l'écoute de la communauté des biologistes. C'est auprès de la grande presse qu'il trouva un meilleur écho. La singularité de l'épisode et le soupçon de fraude, relayés par l'une des meilleures revues internationales, tendirent à installer Jacques Benveniste dans une position de victime. C'est ainsi que se construisit peu à peu, dans une partie de la presse française, l'image d'un scientifique hors norme, victime d'une science enkystée dans ses conventions et incapable de reconnaître une découverte révolutionnaire. Rapidement, en fait dès que *Nature* cessa de la promouvoir, la mémoire de l'eau perdit toute audience scientifique internationale et l'agitation médiatique se calma peu à peu.

Avec une partie de son équipe, Jacques Benveniste continua à travailler sur la mémoire de l'eau et se fit le promoteur d'une deuxième « découverte » plus surprenante encore et qui, elle, ne fut pas publiée dans un journal de grand renom : les propriétés d'un échantillon d'eau diluée à partir de la solution d'anticorps actifs pouvaient être transmises à un autre échantillon d'eau « vierge » par des ondes électromagnétiques. Il était dès lors possible, selon Jacques Benveniste, de soigner à distance. Il suffisait de transmettre la formule de l'empreinte d'un médicament dans l'eau par des vecteurs ondulatoires appropriés et, notamment, par téléphone ou par Internet. Ces propositions furent accueillies avec plus de scepticisme encore que les premières. Jacques Benveniste ne cessa de clamer la véracité des unes et des autres, réclamant que l'on vînt voir, observer, reproduire les expériences, ce que certains acceptèrent de faire, dont une personnalité particulièrement visible, le physicien George Charpak (Prix Nobel 1992). Ses efforts de vérifications le conduisirent à conclure que les allégations de Jacques Benveniste étaient dénuées de fondement [5].

Il est intéressant, à ce stade, de constater combien la

fascination des ondes est grande et comment elle donne naissance, de façon récurrente, à des expériences et à des théories qui, en biologie, s'effondrent avec le temps. Peut-être faut-il en retracer les origines dans le mesmérisme, fondé sur la découverte d'un prétendu « magnétisme animal » qui fut en vogue à la fin du XVIIIe siècle *. Toujours est-il que l'engouement pour les ondes reste actuel. C'est ainsi qu'en 1994 parut, dans une revue anglo-saxonne [6], un court article rapportant que certaines mélodies stimuleraient la croissance des plantes. Les protéines, on le sait, sont constituées d'acides aminés. L'idée était de faire correspondre à chacun d'entre eux une note de musique ; la séquence de la protéine peut ainsi être transposée en une phrase musicale. En outre, chaque note était choisie de sorte que ses vibrations aient une fréquence multiple des vibrations quantiques qui, selon l'auteur de la proposition, seraient mises en jeu chaque fois qu'un acide aminé spécifique est ajouté à la chaîne protéique en croissance. La mélodie stimulerait donc la synthèse de la protéine et, pour peu que celle-ci ait été convenablement choisie, la croissance de la plante elle-même. Je cherchai dans les banques de données une publication scientifique et n'en trouvai point. Un brevet, cependant, déposé paraît-il grâce à un

* On trouvera dans l'ouvrage de Jean-Pierre Bader, cité plus loin à propos de l'affaire Priore, une brève description du mesmérisme, et de la façon dont Mesmer « soignait » ses patients dans la salle des baquets. De façon plus générale, comme le note François Azouvi (dans *Dix-huitième siècle*, revue annuelle publiée par les Presses universitaires de France, Paris, nº 23, 1991, p. 107-118), le mesmérisme relève d'une philosophie naturelle fondée sur un système d'influences entre tous les êtres de l'univers. La maladie y apparaît comme une perturbation de l'équilibre entre l'individu et le Tout. Le fluide magnétique est précisément ce qui unifie le macrocosme et le microcosme. Le magnétiseur intervient en restaurant chez l'individu une activité du fluide insuffisante pour maîtriser la maladie. Le mesmérisme sous-entend que, dans le règne de la nature, la force naturelle et spontanée d'organisation suffisait à préserver les hommes des maladies et que, le règne de l'histoire ayant remplacé le règne de la nature, elle n'y suffit plus. La pratique du mesmérisme sera fondée sur un principe essentiel, profondément antiscientifique : la sensation y est le témoin de la vérité.

mécène suisse, protégeait plusieurs mélodies : le cytochrome-oxydase et le cytochrome c qui interviennent dans la respiration cellulaire, la troponine qui règle le niveau de calcium dans les fibres, etc. [7]. Et on imagine sans peine les innombrables applications dans le domaine de la santé, si l'audition d'une mélodie activait la synthèse d'une protéine particulière de l'organisme.

L'entreprise me parut immensément poétique et l'évocation de potagers musicaux ou de champs mélodieux proprement ravissante. Mais je n'éprouvai aucune surprise, plutôt un sentiment de déjà vu. Un de mes collègues, spécialiste de l'évolution des espèces, s'était déjà amusé à transcrire des gènes en musique (avec quatre notes correspondant aux bases A, T, G et C) et faisait entendre quelques mélodies génétiques lors de ses conférences. Que quelqu'un combinât un jour les protéines et la musique relevait à mes yeux d'une quasi-nécessité. Mais la tentative allait plus loin puisque ici une théorie mettant en jeu d'hypothétiques fréquences quantiques conférait aux ondes une activité biologique spécifique.

Les ondes fascinent. Elles combinent les charmes de l'inconnu, de l'invisible, mais aussi du familier, du présent, sans véhiculer de charge agressive forte. Les ondes, bien sûr, sont le support de plusieurs de nos sens, de la vue, de l'ouïe. N'est-il pas merveilleux que chaque point de l'espace soit traversé par une multitude d'ondes que des capteurs aussi simples et répandus que des récepteurs radios décodent aujourd'hui facilement ? Nombreux sont ceux qui leur ont cherché des effets biologiques nouveaux, n'hésitant pas, pour dégager des corrélations, à faire appel à des instruments mathématiques (tels que les transformées de Fourier), générateurs de correspondances et de codes non intuitifs qui, telles des lampes, ont attiré et ébloui nombre de papillons intellectuels par leurs vertus métaphoriques. Rien n'interdit, bien entendu, de rechercher ces correspondances, ou d'essayer de trouver des effets bénéfiques à des ondes encore non identifiées. Il n'y a aucune raison de réfuter *a priori* une hypothèse même si elle paraît extravagante. La science se nourrit d'imagination. L'inconnu est pleinement ouvert à l'investigation et aucune exploration n'est interdite. Encore faut-il que quelques règles, et notamment l'indispensable reproductibilité des résultats par l'expérimentateur et d'autres que lui, soient respectées et qu'à un certain stade l'imaginaire s'efface devant les retours de réalité. Et c'est souvent là que le bât blesse. C'est d'ailleurs pourquoi la publication scientifique *, au-delà de la diffusion des résultats, joue un rôle si important dans le vécu des chercheurs : elle est un instant privilégié où ils récapitulent leurs retours de réalité, puis les font évaluer par les relecteurs anonymes des revues internationales, enfin par quiconque les lit et veut les reproduire. À l'inverse, la non-publication de résultats affirmés par ailleurs comme justes (comme pour les jardins musicaux), ou pis encore la recherche du secret sont souvent mauvais signe, tout autant sur la personnalité et parfois l'éthique de l'expérimentateur que sur l'exactitude probable des résultats. Science et dissimulation font mauvais ménage et le secret, parce qu'il met à l'abri de la critique et de la comparaison, facilite les erreurs.

L'histoire de la « machine à soigner le cancer » est ici révélatrice. Dans les années 1950, un ancien sous-marinier italien, Antoine Priore, installé à Bordeaux, construisit un générateur de champs électromagnétiques, auxquels il exposa des animaux domestiques, puis des souris porteuses de tumeurs greffées. Selon lui, ces champs électromagnétiques dont il garda les spécifications secrètes avaient un effet antitumoral prononcé. Sans formation médicale, il

---

* Mais pas les brevets dont la rédaction et la publication obéissent à des critères totalement différents. Les revendications de propriété intellectuelle qui figurent dans un brevet peuvent déborder largement le contenu scientifique de ce dernier. Les vérifications des assises scientifiques de l'invention obéissent à des règles très différentes de celles qui sont utilisées pour une publication scientifique. Enfin, les canons de l'inventivité sont, par essence, distincts de la notion de découverte.

entreprit de traiter des patients atteints de cancer, de façon d'abord clandestine, puis ouverte. Il breveta sa découverte en 1962 et, pour trouver des subsides, reçut divers appuis locaux, mais se heurta dès lors aux processus d'évaluation habituels en recherche, et incompatibles avec le secret dont ses travaux étaient entourés. Pendant près de vingt ans, il fut impossible de vérifier ses assertions, la machine étant le plus souvent inaccessible ou en panne. Entre Priore, des scientifiques et des notables locaux, les industriels qui fabriquaient les instruments, l'Académie des sciences saisie de l'affaire, les institutions de recherche et même l'armée française, se développa un imbroglio scientifico-politique rocambolesque – et une certaine exposition médiatique – qui ne se dénoua qu'en 1982. La machine à soigner le cancer sombra alors dans l'oubli *. Mais, dira-t-on, les expériences effectuées sur les souris devaient être justes ou fausses. Qu'en était-il ? Ce n'est pas si simple : on soupçonnait alors, et on le sait mieux aujourd'hui, que les greffes de tumeurs chez la souris peuvent donner des résultats très variables, selon la nature de la tumeur, le volume et l'emplacement précis de la greffe, la façon même dont elle est effectuée, le

* Antoine Priore mourut dans la pauvreté en 1983. L'épopée de la machine à soigner le cancer est narrée dans l'ouvrage de Jean-Pierre Bader, *Le Cas Priore. Prix Nobel ou imposture ?*, Paris, J.-C. Lattès, 1984. Un deuxième ouvrage, de Jean-Michel Graille, *Dossier Priore. Une nouvelle affaire Pasteur ?*, Paris, Denoël, 1984, prend le parti de dénoncer la « conspiration du silence » et d'affirmer que « des millions de malades continuent de souffrir et de mourir chaque année dans le monde parce qu'on s'obstine à ignorer une découverte scientifique, la plus importante peut-être depuis les travaux de Louis Pasteur ». En annexe de ce livre, on trouvera, *in extenso*, le rapport de la Commission de l'Académie des sciences qui fut remis, le 22 mars 1982, au ministre compétent, et qui signa la fin de l'affaire Priore. On notera qu'entre 1960 et 1980 celui-ci reçut quelque vingt millions de francs de l'époque d'aides publiques – parfois sous la pression politique, Jacques Chaban-Delmas, maire de Bordeaux, semblant très convaincu de l'importance de ses résultats. On peut donc penser que Priore bénéficia en fait de bonnes conditions pour faire la preuve de ses assertions. Pourtant, pendant plus de vingt ans, aucune publication scientifique détaillée ne vint valider ses prétendues découvertes. Son obsession du secret porta en fait un coup fatal à ses travaux que nul ne put vérifier ou invalider.

fond génétique des animaux, leur histoire immunologique, leur état sanitaire, leur infection par des agents opportunistes, etc. Seuls des travaux extrêmement rigoureux et bien contrôlés mettent l'expérimentateur à l'abri d'artefacts et de fluctuations statistiques qui peuvent pervertir les résultats et les conclusions. Il existe dans la littérature scientifique plusieurs études d'apparence sérieuse qui se sont, plus tard, révélées inexactes en raison d'artefacts explicables après coup. Quoi qu'il en soit, nul, à ma connaissance, ne s'interroge plus sur les vertus possibles de la machine à soigner le cancer.

La résurgence médiatique

Revenons à la mémoire de l'eau. L'« affaire » était à peu près tombée dans l'oubli lorsque, sept ans plus tard, le 22 mai 1996, *Le Monde* publia dans sa rubrique « Horizons-débats » un article de Jacques Benveniste, intitulé : « L'ARC, les vaches et la recherche folles. » Avec piquant, mais ne reculant pas, me semble-t-il, devant quelques contre-vérités, l'auteur dénonçait l'imposture : « Le secret le mieux gardé de cette fin de siècle, c'est que la recherche fondamentale en biologie n'a apporté aucune réponse aux grandes pathologies modernes. » Cette affirmation débouchait sans surprise sur un plaidoyer *pro domo* en faveur de la biologie dite numérique, fondée sur « l'existence de signaux hertziens de basse fréquence spécifiques de chaque substance biologique », qui ouvre la voie à « leur détection et leur traitement numérique », qui « périme, sur-le-champ, toute recherche basée sur la structure des molécules » de sorte que « demain le diagnostic et le traitement seraient entièrement électromagnétiques-numériques ». La publication de cet article suscita des réactions et répliques assez vives. Le médiateur du *Monde* fut saisi et le journal chargea l'un de ses collaborateurs de faire le point sur l'état de la polémique. En janvier 1997, *Le Monde* publia, dans trois numéros consécutifs, un total de six pages pleines, assorties de graphiques explicatifs, sur la mémoire de l'eau, la polémique et ses acteurs.

Cette série d'articles était fort inhabituelle. Le ton était donné, dès le coup d'envoi, en première page [8] : « Pendant plusieurs mois, notre collaborateur a donc enquêté auprès des protagonistes d'une affaire qui tient du roman policier et où la vérité fait figure de principale victime. » Le dernier des trois articles, intitulé de façon ambiguë « Une vérité hautement diluée », faisait état, à l'appui de la mémoire de l'eau, de résultats non publiés d'un professeur américain qui tenait à conserver l'anonymat. Le journaliste alignait, pêle-mêle, une description critique de certaines attitudes ou réactions de Jacques Benveniste et des interrogations, parfois explicites, parfois larvées, sur les actes et les jugements de l'« establishment » scientifico-administratif. Jacques Benveniste était-il une victime de la science officielle ? Le Galilée de la fin du XXe siècle ? La conclusion du journaliste laissait le lecteur dans le doute : « Benveniste [...] n'est pas davantage Galilée ou Pasteur, car nul ne peut encore prouver s'il a raison ou tort [...]. Depuis 1988, beaucoup d'eau a coulé sous les ponts de la science. Les accusations de fraude demeurent à ce jour non étayées. Reste la possibilité, crédible, de l'artefact. Reste aussi l'hypothèse que tout cela soit vrai. »

Quelques jours plus tard [9], le courrier des lecteurs du *Monde* publiait une série de réactions, certaines très vives et très critiques vis-à-vis du journal. C'est à Jacques Benveniste que revint le droit de clore l'épisode par une nouvelle intervention dans laquelle, avec brio et non sans quelque insolence, il invitait ses collègues scientifiques au dialogue.

En quoi l'affaire de la mémoire de l'eau donne-t-elle à réfléchir ? Il s'agit bien, en première analyse, d'un cas où plusieurs erreurs journalistiques directes ont été commises, la première par la revue *Nature* et les autres par une fraction de la grande presse et surtout du *Monde*. L'erreur de *Nature* fut, bien évidemment, de transgresser la règle éditoriale princeps, d'ordinaire incontournable, qui prévaut dans cette revue comme dans toute autre : publier l'article de Jacques Benveniste contre l'avis négatif émis par les relecteurs. Pourquoi la revue, au lieu d'en refuser simplement la publication, s'embarqua-t-elle dans une aventure dont elle ne sortit pas grandie ? Selon leurs propres explications, les éditeurs ne pensèrent pas une minute que les résultats fussent exacts. Sans doute crurent-ils à une mystification qu'ils voulurent démonter. Peut-être eurent-ils l'intention de réfuter sur le fond les principes de l'homéopathie. Mais l'explication est probablement beaucoup plus humaine. Dans une interview récente [10], John Maddox, l'éditeur en chef de l'époque, rapporte que l'article avait effectivement été refusé mais qu'ensuite il reçut plusieurs appels téléphoniques de Jacques Benveniste : « Puis, il m'a à nouveau téléphoné pour me demander si j'allais cette fois le publier. Je lui ai répondu que c'était ridicule, que sa nouvelle explication était encore plus fantaisiste que l'article lui-même. Là-dessus, j'ai perdu patience, et le voilà qui se met à se comparer à Galilée. Alors je lui ai dit : OK, nous publions l'article, mais avec un avertissement et si vous nous laissez venir visiter votre laboratoire. » Mais, encore une fois, demande l'interviewer, pourquoi avoir publié l'article ? « Je vous l'ai dit, ses prétentions extravagantes m'ont fait perdre mon sang-froid. »

Ce que *Nature* n'avait probablement pas mesuré, c'est que la transgression de ses principes fondamentaux serait mal comprise de ses propres lecteurs et surtout que les réserves éditoriales et la visite qui avaient été négociées en contrepartie de la publication pèseraient peu devant l'impact de la publication elle-même. Si *Nature* avait refusé l'article, ce dernier aurait été soumis à des revues plus spécialisées où il aurait connu, probablement, les mêmes difficultés. Peut-être aurait-il, finalement, été publié dans une revue relativement mineure et moins compétitive. Mais il serait alors passé à peu près inaperçu : c'est la publication par *Nature* et la procédure exceptionnelle adoptée par cette revue prestigieuse qui attirèrent les feux des projecteurs et provoquèrent sa large reprise par les médias *. Ceux-ci ne manquèrent pas de relever que la mémoire de l'eau fournissait une plate-forme scientifique à l'homéopathie, pratique fondée sur l'emploi de principes actifs hautement dilués. Sans doute faut-il rappeler ici que la France est l'un des pays occidentaux où la consommation de remèdes homéopathiques est la plus forte **.

Non moins singulière est l'attitude du journal *Le Monde* dont la première erreur a consisté à annoncer, en mai 1988, des travaux exposés par Jacques Benveniste dans un colloque, sans attendre leur publication dans une revue scientifique. En l'espèce, le grand quotidien a contribué à fabriquer l'« événement » médiatique monté autour de la mémoire de l'eau. On notera d'ailleurs que Jacques Benveniste aura droit, par la suite, à plusieurs interventions, ce qui, lorsqu'on connaît la difficulté d'obtenir l'espace d'une « tribune libre » dans ce journal, est plutôt exceptionnel. Au total, Jacques Benveniste aura ainsi bénéficié d'une des plus belles tribunes que la presse française pouvait lui offrir.

Beaucoup plus étonnante encore est la prétendue enquête publiée par *Le Monde* en 1997. C'est sur cet épisode que je voudrais concentrer l'analyse. La « mémoire de l'eau » était, en effet, à peu près oubliée. Il n'y avait aucun élément véritablement nouveau qui justifiât qu'on la remît à l'ordre du jour, aucune attente brûlante de la part du public. Il fallut certainement une décision éditoriale mûrie pour que le journal consacrât des moyens exceptionnels

* Et cela d'autant plus qu'il s'écoula plusieurs semaines entre la publication de l'article, assortie d'un commentaire réservé mais peu percutant, et sa critique ouverte au sein de la revue. Pendant cette période, la « mémoire de l'eau » put apparaître comme une découverte importante que la revue souhaitait soumettre à quelques vérifications supplémentaires.

** Les remèdes homéopathiques représentent 4,6 % de la vente des produits pharmaceutiques en France, 1,6 % de leur chiffre d'affaires et 1,2 % des produits remboursés (*cf. Science et Vie*, n° 955, avril 1997, p. 77).

(trois doubles pages avec croquis explicatifs, présentation en première page) au retraitement de cette affaire. Ce choix fut d'ailleurs solitaire. Aucun autre média ne rebondit sur le sujet *. L'un des résultats immédiats fut de discréditer la rubrique biologique du grand quotidien auprès de la plus grande partie de la communauté scientifique française et de la fraction de la communauté internationale qui en eut connaissance. Un autre résultat, dont il est difficile d'apprécier l'ampleur et même la réalité, fut sans doute de contribuer au climat de permissivité qui entoure, en France, l'homéopathie et plus indirectement tout ce qui émarge aux pseudo-sciences, comme l'astrologie et la voyance. Quel sens peut-on trouver à ce qui m'apparaît comme une majestueuse erreur journalistique ? Et en quoi, pour commencer, y a-t-il erreur ou « faute » ?

Le point de départ est la question de savoir si le phénomène « mémoire de l'eau » existe ou n'existe pas. Or la réponse est claire et il faut le dire tout net : pour moi, comme pour l'écrasante majorité des biologistes, il n'y a pas de mémoire de l'eau et la transmission de cette prétendue mémoire par des ondes électromagnétiques est une fiction. Jacques Benveniste n'est pas un Galilée des temps modernes. Il n'a pas été persécuté par la communauté scientifique française. Il a même, me semble-t-il, été traité de façon très convenable **. Et la manière dont le journal *Le*

---

* Sauf, peut-être, plus tard et *a contrario*, *Science et Vie*, dont le n° 955, d'avril 1997, porte le titre : « Homéopathie, mémoire de l'eau, guérison à distance. La mystification recommence. » L'occasion de cet article fut plutôt la parution d'un ouvrage, en 1996 par J. Benveniste et d'autres coauteurs, sur une théorie des « trous blancs » qui pourrait expliquer la mémoire de l'eau et sa transmission par des ondes. Cette revue, dans son n° 856 de janvier 1989, avait promis un chèque d'un million de francs à J. Benveniste s'il parvenait à reproduire le phénomène dit « de la mémoire de l'eau » dans un protocole expérimental classique (p. 29). Depuis 1988, *Science et Vie* a consacré de nombreux articles à l'homéopathie (voir, notamment, les numéros 864, 899, 929 et 955).

** On notera, en particulier, qu'il conserva des moyens de travail très significatifs jusqu'en 1994, date à laquelle l'unité de l'INSERM qu'il dirigeait fut fermée, au terme de douze ans d'exercice. Il faut savoir que

Monde a géré le dossier en 1997 n'est pas à la hauteur de la recherche de la vérité que le quotidien a prétendu servir.

Comment être aussi affirmatif ? Tout simplement parce que, tant qu'une hypothèse n'est pas étayée par des faits expérimentaux reproductibles *, elle ne peut être tenue pour exacte et quand il existe des données qui l'invalident, elle doit être tenue pour fausse. Si on accepte, avec Popper, que les vérités scientifiques sont provisoires parce qu'elles peuvent être falsifiées à tout instant, je veux bien admettre que la mémoire de l'eau peut n'être fausse que provisoirement. Mais, pour l'heure, elle est fausse. N'étant pas reproductible selon des observateurs dignes de foi et des expérimentateurs chevronnés, elle n'a pas droit au statut de fait scientifique et n'est pas en l'état justiciable d'une étude scientifique. Peut-être trouvera-t-on un jour une explication à ce qui semble avoir été observé. Aberrations expérimentales ? Artefacts ? Des variations subtiles dans l'environnement ? Un marteau-piqueur lointain dont les vibrations dérèglent un appareil ? Une série de tubes contaminés par des impuretés ? Que sais-je ? Comme je l'ai dit plus haut, ces mésaventures sont assez fréquentes dans l'étude des systèmes biologiques complexes dont il est difficile de contrôler tous les paramètres. Ceux qui les subissent concluent le plus souvent d'eux-mêmes, avec bonhomie, à l'artefact et rangent

---

toutes les unités de l'INSERM sont soumises à une procédure qui conduit soit à une recréation, soit à la fermeture. Celle-ci intervient dans environ 50 % des cas. *A contrario*, le fait que l'unité dirigée par J. Benveniste n'ait pas été fermée plus tôt (selon une autre procédure) montre qu'entre 1988 et 1994 il disposa d'un potentiel de recherche important même s'il est vrai que les appréciations réservées portées sur les travaux touchant à la mémoire de l'eau eurent progressivement un impact négatif. On ne peut que prendre acte du fait qu'il ne put pendant toute cette période produire des résultats qui convainquirent la communauté – que son obstination finit par lasser.

* Il existe, dans plusieurs disciplines scientifiques, des approches différentes de la notion de preuve, mais la reproductibilité, dans les sciences expérimentales, joue toujours un rôle fondamental. En astrophysique, on observe des événements uniques comme la désintégration d'une étoile à des millions d'années-lumière. Mais c'est parce que le bruit de fond de la mesure est nul de façon reproductible que la mesure a un sens.

les données dans un classeur. Il me paraît clair que l'attitude de Jacques Benveniste induisit une partie des événements dont il eut finalement à souffrir.

***

Comment alors qualifier et comprendre l'enquête commanditée par *Le Monde* ? Une étude de texte est ici éclairante. L'enquête est, dans la forme, plutôt bien faite, et typique d'un certain journalisme à la française. Chaque phrase est étudiée de façon que rien ne puisse être reconnu comme *stricto sensu* inexact, avec un souci constant de mettre en balance les avis contradictoires. Les faits qui sont peu sûrs sont qualifiés d'incertains. Toutes les opinions sont citées et les contradictions sont soulignées. Les flèches administrées par Jacques Benveniste à divers membres de la communauté scientifique sont en quelque sorte équilibrées par la mention de reproches adressés à Jacques Benveniste par ses propres amis. Le travail de documentation est assez complet, bien que l'on puisse soupçonner un certain biais dans les sources *. Pourtant, de même qu'on ne reconstruit pas forcément une phrase musicale correcte

---

* Il manque dans l'enquête quelques épisodes significatifs ou amusants. D'abord, le fait que *Le Monde* ait rendu publique la mémoire de l'eau avant que la publication scientifique paraisse dans *Nature* n'est pas cité. Il n'est pas fait mention non plus de l'anecdote suivante : ayant observé que, dans certaines expériences, des cœurs de lapins mis en circulation extra-corporelle s'arrêtaient de battre, J. Benveniste en conclut que le sérum qui les alimentait pouvait être pollué par la mémoire d'une toxine. Comme le même sérum était utilisé en thérapie humaine, il alerta avec vigueur les autorités de santé qui, comme on peut l'imaginer, furent prises de court pour évaluer la réalité du risque. Cet épisode est rapporté par M. Schiff dans son livre, *Un cas de censure dans la science*, Paris, Albin Michel, 1994. Cet ouvrage, au titre partisan, rassemble les faits et les interprète en fonction de la thèse d'une censure scientifique qui aurait délibérément occulté une grande découverte. Cette thèse est fausse à mes yeux. Il n'est pas impossible que le journaliste du *Monde*, E. Fottorino, y ait été sensible. Pour en sourire, je rappellerai que peu après (le 1er février 1997) *Le Monde* publiait une publicité du livre de M. Schiff, surtitré d'une citation d'E. Fottorino : Mémoire de l'eau, une enquête passionnante sur « l'une des plus retentissantes controverses de cette fin de siècle ».

lorsqu'on dispose des bonnes notes, on peut fort bien, en reconstituant une histoire à partir d'éléments convenables, parvenir à une représentation totalement fausse. C'est le cas pour cette enquête du *Monde*. Le choix de certains faits jugés pertinents (notamment la citation de données d'un professeur américain qui veut conserver l'anonymat) est hautement contestable. Mais c'est surtout l'agencement des éléments qui produit une représentation qui n'adhère pas à la réalité, où la vérité serait hautement diluée, où les passions auraient obscurci les jugements et où le doute généralisé devrait prévaloir. Au plan de la méthode, on note aussi un mélange constant entre les faits, leur interprétation et leur discussion, de sorte que le lecteur peut difficilement faire la part du spéculatif. Il s'agit là (comme nous le verrons dans le chapitre VII) d'une faute princeps, car une enquête n'est pas une affaire d'opinions mais avant tout la recherche des faits. En outre, ce qui est critiquable n'est pas seulement l'agencement qui mélange les éléments factuels aux opinions, c'est que certains des faits n'ont pas vraiment droit à cette qualification. Ce sont, en quelque sorte, des « non-faits », confondus avec des faits en raison d'une attitude intellectuelle qui laisse place à l'opinion, d'un laxisme dans le cheminement de l'esprit qui conduit à leur assigner, ou non, une réalité.

Sans doute y a-t-il là une méconnaissance profonde de la notion de preuve dans les sciences dites exactes qu'en termes simples j'évoquerai de la façon suivante. Toute approche du réel se heurte à la complexité, tout phénomène observable étant dépendant de beaucoup d'autres. La méthode scientifique tire une partie de son succès d'une démarche de l'esprit qui consiste à décomposer peu à peu le phénomène observé en des éléments, des bouts de phénomène si l'on veut, que l'on peut qualifier par un *jugement* et non par une opinion. Les situations les plus favorables pour porter un jugement sont sans aucun doute celles où l'on peut expérimenter. On peut alors faire varier les paramètres soupçonnés d'être pertinents et vérifier qu'ils le sont.

On peut ensuite éliminer autant qu'il est possible toutes les hypothèses alternatives qui pourraient aussi rendre compte des résultats. Une part essentielle de l'activité des chercheurs qui travaillent dans des laboratoires où ils peuvent expérimenter à leur guise consiste ainsi à faire des contrôles, à vérifier au mieux les observations comme leurs interprétations. C'est ainsi que s'élabore la « réalité » scientifique dans les sciences dites exactes. Il y a de nombreuses situations moins favorables. Il est difficile ou impossible d'expérimenter, par exemple, sur des phénomènes sociaux, que l'on ne peut qu'observer sans pouvoir mettre en œuvre des expériences contrôles. On conçoit qu'alors la notion de preuve soit plus fragile. Mais ce qui reste fondamental dans l'approche scientifique, c'est de cheminer dans la complexité jusqu'à parvenir à isoler des événements, ou des sous-ensembles d'événements, à propos desquels on peut accumuler suffisamment d'observations pour finalement émettre un jugement qui a vocation à être partagé par d'autres.

« Jugement » doit être ici compris comme un acte de l'entendement fondé sur des faits de raison. Il diffère radicalement d'une opinion qui n'a pas un socle si rationalisé. Il découle de ce qui précède que, lorsqu'un phénomène complexe n'a pas subi le long travail de décomposition et d'analyse qui ouvre la voie au jugement, il ne pourra, le plus souvent, que faire l'objet d'opinions. Celles-ci, contrairement aux jugements sur les faits de science, n'ont pas vocation à être consensuelles. C'est ainsi que beaucoup de phénomènes sociaux sont décrits, surtout dans le feu de l'actualité, par des opinions plus que par des jugements. La méthode qui s'est développée pour les décrire – et que pratique à merveille un journal comme *Le Monde* – est d'accumuler des opinions. La « réalité » est alors, en quelque sorte, habillée par une somme de discours qui finissent par devenir constitutifs de la réalité elle-même. Faute de preuves, de retours de réalité, de vérifications possibles des hypothèses, les opinions voire les convictions interviennent de façon déterminante, ce que l'on observe quotidiennement dans des débats sociaux et politiques, avec deux caractéristiques notables. D'une part, les débats d'opinion sont souvent conflictuels et, comme le débat politique, s'inscrivent dans la durée. D'autre part, il est convenu de laisser les opinions contradictoires s'exprimer avec des poids égaux afin que les intervenants aient les mêmes chances de convaincre.

Telle est l'approche suivie dans cette enquête du *Monde* sur la mémoire de l'eau. L'erreur méthodologique initiale a consisté à traiter le sujet comme une affaire d'opinions là où tout était affaire de jugement, mieux, de preuves fondées sur l'expérience. Le reste en découle : par exemple, toute opinion étant respectable, tout un chacun pouvait s'exprimer et avec un poids équivalent *. Dans cette optique, aussi, le débat sur la mémoire de l'eau, inscrit dans la durée, pouvait être réactivé à tout moment. On notera ici que les controverses scientifiques ne sont pas destinées à s'installer dans la durée. Les règles qui gèrent la profession sont telles qu'en principe les acteurs œuvrent pour parvenir à un consensus, pour résoudre les controverses plutôt que pour les alimenter. Bien entendu, il peut falloir du temps avant que la clarté se fasse, et des intérêts personnels peuvent interférer quelque temps avec le processus de résolution. Mais, du fait précisément du principe fondamental de la reproductibilité dans les sciences exactes, de l'accroissement de la taille et de l'internationalisation des communautés scientifiques, il est rare aujourd'hui, dans les sciences expérimentales, que les controverses durent longtemps. C'est ainsi que les physiciens ont arbitré la question de la « fusion froide » en moins de deux ans **. Les biologistes celle de la mémoire de l'eau en quelques mois.

---

* Dans les réponses publiées dans le courrier des lecteurs, un secrétaire perpétuel de l'Académie des sciences avait droit à un quart de colonne, autant que des lecteurs sans qualification particulière.

** En mars 1989, deux groupes (Fleischmann *et al.*, *J. Electroanal. Chem.*, *261*, 1989, 301 ; Jones *et al.*, *Nature*, *338*, 1989, 737) rapportaient qu'ils avaient réussi à effectuer une fusion d'atomes légers en atomes plus

Si la « mémoire de l'eau » n'existe pas, tenter de rétablir la possibilité qu'elle existe, comme le fait cette enquête du journal *Le Monde*, constitue un déni de réalité. Pourquoi vouloir alors, même obscurément, qu'elle puisse exister, au prix d'un conflit frontal avec la communauté scientifique et d'un contresens sur la notion de preuve en science ? Peut-être faut-il y voir la marque du désir d'échapper aux contraintes de la rationalité et de la connaissance scientifiques. La mise à l'écart de certains faits de science ouvre à l'esprit des espaces nouveaux où les soucoupes volantes et les petits hommes verts peuvent trouver place. À mes yeux, la mémoire de l'eau, les jardins musicaux ont une indéniable dimension poétique mais pas de statut scientifique. La science ne contraint pas la poésie. Mais en tant que système de production de connaissances, aussi bien qu'en tant que méthode de pensée, elle est vécue par certains comme un frein à l'exploration de *cosmologies* nouvelles. L'épisode de la « mémoire de l'eau » renvoie ainsi, comme nous le discuterons dans le chapitre VIII, à la question de la place qu'occupe la science dans certaines visions du monde.

---

lourds. Tout l'effort de recherche avait jusqu'alors été axé sur l'utilisation d'appareils de dimension et de coût considérables pour tenter de provoquer ces événements à très haute température. Fleischmann et Pons, puis Jones, annonçaient que la fusion pouvait être effectuée à froid, dans une simple cellule électrochimique. L'expérience, fondée sur la concentration du deutérium à l'intérieur d'une électrode de palladium, était en quelque sorte à la portée de tous. Deux mois plus tard, un certain scepticisme était déjà de règle et les réactions « à chaud » étaient mitigées (*cf. La Recherche*, n° 211, juin 1989, p. 816-819). Certains avaient déjà annoncé qu'ils ne parvenaient pas à reproduire les expériences. Un an plus tard (*cf.* J.-P. Briand et M. Froment, *La Recherche*, n° 225, p. 1282-1284), le consensus atteint posait que les résultats expérimentaux initiaux étaient faux mais que l'idée de départ était originale. La controverse sur la fusion froide fut ainsi arbitrée en moins d'un an, mais elle suscita d'autres recherches. On lira aussi l'analyse faite sur cette affaire et son traitement médiatique par B.-V. Lewenstein, *La Recherche*, n° 226, 1994, p. 636.

Chapitre V

RUMEURS SUR LA VACCINATION CONTRE L'HÉPATITE B

L'emprise des microbes pathogènes

Nous vivons dans un milieu biologique complexe où les micro-organismes abondent. Virus, bactéries et parasites, bien qu'invisibles à l'œil, sont omniprésents. Nous sous-estimons généralement leur diversité, leur variabilité et l'importance des rapports de force qui opposent l'homme aux microbes pathogènes qui menacent sa santé et son alimentation. L'émergence brutale de l'épidémie de sida est pourtant de nature à nous rappeler la proximité et la gravité des problèmes de santé liés aux infections, que les chiffres régulièrement publiés par l'Organisation mondiale de la santé [1] permettent de décrire de façon objective. En 1995, la planète comptait 5,8 milliards d'habitants : 52 millions sont morts dans l'année. Le tiers des décès (17 millions) a été provoqué par des maladies infectieuses. Ces dernières, prises individuellement, ont tué moins que les cardiopathies coronariennes, les cancers, les maladies cérébrovasculaires et pulmonaires responsables respectivement de 7,2, 6,3, 5,6 et 2,9 millions de décès. Mais la somme des infections aiguës des voies respiratoires a provoqué 3,9 millions de morts tandis que la tuberculose a tué 3 millions de personnes ; les diarrhées et dysenteries, 2,5 ; le paludisme (ou malaria) environ 2,1 ; le sida (infection par le virus VIH-1 et maladies opportunistes associées) 1,5. L'hépatite B dont il va être question aura tué 1,2 million de personnes. Les pays en voie de développement, qui concentrent les deux tiers de la population mondiale, sont les plus touchés par les pathologies infectieuses avec près de 16 millions de décès répertoriés. Les enfants constituent une cible particulièrement sensible. Cent quarante millions d'enfants sont nés en 1995. Quatre millions étaient atteints d'une anomalie congénitale majeure et onze millions sont décédés avant l'âge de cinq ans, dont cinq millions dès leurs tout premiers mois, dans les pays en voie de développement. Parmi les plus grands tueurs on trouve : la rougeole (1 million de morts), le paludisme (environ autant) et maintenant le sida qui a tué quatre cent cinquante mille enfants en 1997 (et 1,8 million d'adultes, presque deux fois plus qu'en 1995) [2].

On ne meurt pas forcément d'une infection et on n'en meurt pas tout de suite. L'individu peut être infecté et présenter des symptômes très débilitants pendant des années s'il s'agit d'infections chroniques comme la malaria. Il peut aussi être infecté, sans présenter de troubles notables, mais dans cet état asymptomatique il est généralement contagieux. Les réservoirs humains d'agents pathogènes atteignent ainsi des dimensions considérables. On estime que deux milliards d'individus, près du tiers de la population mondiale, sont porteurs du bacille de la tuberculose sous forme symptomatique ou asymptomatique. Trois à cinq cents millions de personnes sont malades du paludisme. Plusieurs centaines de millions de personnes sont porteuses du virus de l'hépatite B. Trente à quarante millions sont infectées par le virus VIH-1 *.

---

* Dans la plupart des pays d'Afrique subsaharienne, le taux d'infection par le HIV (proportion d'individus séropositifs) dépasse 10 % et en plusieurs endroits, atteint ou dépasse 30 à 40 %. En 1997, la situation était jugée très préoccupante en Asie, où l'épidémie semble se répandre très rapidement, particulièrement en Inde. Fin 1997, le sida aura tué 11,7 millions de personnes depuis le début de l'épidémie. On compte par

L'emprise des agents infectieux est plus vaste encore qu'on ne l'imaginait voici quelques années. Il est maintenant avéré que la majeure fraction des ulcères de l'estomac est liée à une infection par une bactérie nommée *Helicobacter pylori*. Celle-ci est très répandue : dans les pays en voie de développement, les enfants, après quelques années, sont presque tous infectés. Dans beaucoup de pays occidentaux, la moitié environ des adultes sont porteurs. La plupart sont asymptomatiques. Une fraction seulement développera un ulcère qui, dans une petite partie des cas, dégénérera en cancer de l'estomac. On soupçonne certaines pathologies cardio-vasculaires d'être liées à une infection par une autre bactérie, *Chlamydia pneumoniae*. Des données suggèrent que des virus interviennent dans plusieurs pathologies auto-immunes dont la sclérose en plaques et le diabète *.

Même au XXe siècle, les épidémies ont provoqué des ravages dramatiques, y compris dans les pays développés. On estime que la variole, maintenant éradiquée au sens de l'OMS, aura tué un total d'environ trois cents millions de personnes au cours du siècle. Quant à l'épidémie mondiale de grippe de 1918-1919, elle a causé un nombre considérable de morts que, faute de registres précis, on situe dans une fourchette de quinze à cinquante millions. Nul ne sait combien le virus VIH-1 aura fait de victimes avant que l'épidémie soit contrôlée ou, comme il est arrivé par le

---

millions les enfants orphelins, dont les conditions de vie sont souvent dramatiques.

* Le rôle de certains virus herpétiques dans les pathologies humaines reste à établir. C'est ainsi que le virus HHV-6, dont un sous-type est responsable de la roséole, est très communément répandu, avec un taux de séropositivité dépassant 95 % après l'âge de deux ans. Curieusement, ce virus est très fréquemment trouvé dans le cerveau (Braun *et al.*, *Clin. Microbiol. Rev.*, *10*, 1977, 521-567). On peut encore citer le virus Borna, du nom d'une bourgade d'Allemagne orientale, où l'on nota, en 1858, des troubles de comportement chez des chevaux. Ceux-ci étaient porteurs d'un virus neurotrope qui infecte de nombreuses espèces animales, y compris l'homme. Certaines données suggèrent qu'il est associé à des désordres neuropsychiatriques et à des dépressions profondes, mais la corrélation est incertaine et controversée (Richt *et al.*, *Emerg. Infect. Dis.*, *3*, 1997, 343-352).

passé, s'arrête d'elle-même. Des poussées épidémiques se produisent sans cesse. Il suffit de rappeler les épidémies récentes de méningite au Brésil, les 500 000 cas de choléra en Amérique latine en 1991, les 150 000 cas de diphtérie et les 5 000 décès survenus en Russie en 1993, les 10 000 cas de peste en Inde en 1994 et les 10 000 cas d'intoxication par un colibacille pathogène au Japon en 1996.

Les pays occidentaux sont moins à l'abri que leurs habitants ne le croient d'ordinaire. L'accroissement des communications, notamment du trafic aérien, favorise la dissémination des agents infectieux *. Les réservoirs animaux de pathogènes capables d'infecter directement l'homme, ou d'engendrer des variants infectieux pour l'espèce humaine, sont difficilement contrôlables **. Mais surtout la capacité inhérente aux êtres vivants, singulièrement élevée chez certains virus, bactéries ou parasites, de varier au plan génétique, par mutations, échanges ou recombinaisons, ouvre, de façon inéluctable, la voie à l'émergence de variants résistants et de nouveaux pathogènes. La résistance des bactéries aux antibiotiques a crû de façon inquiétante. Elle n'est qu'un cas particulier d'un phénomène plus large qui inclut, par exemple, l'émergence de moustiques résistants aux insecticides habituels, qui interfère avec la lutte contre la malaria dont ils sont le principal vecteur. Certains virus donnent naissance à des variants avec une fréquence par-

---

* Une étude du Centre national de référence pour les maladies d'importation indique, par exemple, qu'en 1996, 220 000 voyageurs se sont rendus, de France, dans des pays où la malaria est endémique et que 5 100 personnes ont développé un accès de malaria à leur retour (dépêche APM du 19 août 1997).

** Depuis plusieurs années, un vaccin contre la rage, produit par génie génétique et encapsulé dans des appâts, est répandu par hélicoptère dans des régions comme le nord de la France où des renards contaminés avaient été identifiés. En mangeant l'appât, les renards se vaccinent. La rage avait fait sa réapparition en France, par le Nord, en 1968, et avait franchi la Loire en 1990. En 1997, pour la première fois depuis trente ans, aucun cas de rage n'a été déclaré en France (*cf. Le Monde*, 20 octobre 1997).

ticulièrement élevée *. Le virus grippal en fournit un bon exemple. Le virus qui fit d'énormes ravages en 1918 et 1919 était un variant si agressif ** qu'aux États-Unis une personne sur quatre tomba malade ; 2,5 % des individus infectés moururent. La grippe dite de Hong Kong, qui eut son plein effet pendant l'hiver 1969-1970, était due à un variant tout aussi infectieux, mais moins agressif (plus de 50 millions d'Américains furent touchés) qui provoqua 27 500 morts. Pendant l'automne 1989, la grippe a tué 2 800 personnes en France en deux mois. On ne comprend pas encore très bien la façon dont les variants du virus grippal émergent ou resurgissent et se propagent. Les porcs constituent un réservoir de virus et certains variants infectent des oiseaux ***. Il existe des raisons de penser que le virus influenza des années 1957-1968 avait circulé vers 1889-1890 et que la grippe de Hong Kong des années 1970 avait circulé vers 1900. Rien ne permet donc d'affirmer que nous soyons à l'abri de pandémies graves. De nouveaux virus continuent d'être identifiés ****. Outre le VIH-1, dont

---

* Certains virus comme le virus influenza, le VHC et le VIH répliquent leur génome à l'aide d'un système enzymatique « infidèle » qui commet des erreurs à un taux mille fois plus élevé que d'autres. À chaque cycle de réplication se trouvent ainsi engendrés des variants dont beaucoup sont inactifs ou inefficaces mais dont certains sont virulents et échappent au système immunitaire.

** Il a pu être isolé récemment à partir d'échantillons de poumons conservés depuis 1919 et caractérisés par des méthodes moléculaires (*Science, 275*, 1997, 1793).

*** D'où l'attention portée aux porcs et aux canards chinois, tous deux élevés en grand nombre au contact de l'homme, dans l'émergence des grippes asiatiques. Par souci de sécurité, fin 1997, plus d'un million de poulets, soupçonnés de constituer un réservoir pour un variant dangereux du virus grippal, ont été abattus à Hong Kong (*Le Monde*, 30 décembre 1997). Sur la grippe, on pourra lire, de Claude Hannoun, *La Grippe et ses virus*, Paris, PUF, 1996.

**** Certains sont peut-être moins nouveaux qu'il n'y paraît. Au ve siècle avant notre ère, Athènes, assiégée par Sparte, fut ravagée par une épidémie qui tua plus de cent mille personnes. Se fondant sur la description qu'en donne Thucydide, certains chercheurs ont noté des ressemblances entre ce qu'ils ont appelé le « syndrome de Thucydide » et les symptômes provoqués par le virus Ebola (Langmuir *et al.*, *N. Engl.*

il sera question dans le chapitre suivant, plusieurs virus responsables de graves infections du foie ont été successivement découverts. Après le virus de l'hépatite A, puis celui de l'hépatite B (VHB), on en a identifié plusieurs autres. Le virus de l'hépatite C (VHC) est aujourd'hui le plus préoccupant. Caractérisé (par l'analyse de son génome) en 1989, très variable de surcroît, ce virus est transmis par les voies sanguine et sexuelle, mais 40 % des transmissions sont encore inexpliquées. L'infection est, au départ, largement asymptomatique et les personnes infectées ne développent pas immédiatement, ni toujours, des anticorps qui permettent de détecter facilement le virus. Une enquête récente indique qu'entre 2,5 et 5 millions d'Européens sont infectés. Sur les 700 000 personnes porteuses de virus en France, on estime que 500 000 ignorent leur état. L'incidence des hépatites chroniques pourrait selon certains observateurs, mais ces chiffres ne font pas l'unanimité, atteindre 50 % dont 10 à 30 % conduiraient en cinq à vingt ans au développement d'une cirrhose qui, dans une fraction significative des cas, dégénère en cancer du foie. Le traitement est peu efficace et onéreux. En 1997, aucun vaccin n'était en vue. Il y a lieu de penser que la transfusion sanguine a largement contribué à disséminer le virus. Il s'agit d'un problème de santé publique considérable. Les enjeux financiers liés à une éventuelle indemnisation ne le sont pas moins *.

J. Med., *313*, 1985, 1027-1030). Le virus Ebola infecte le singe vert – que l'on trouve figuré sur des fresques de Santorin. Des foyers infectieux se sont plusieurs fois allumés en Afrique au cours des années 1990, faisant craindre l'émergence d'une épidémie. Son extrême pathogénicité a inspiré un *best-seller* de Richard Preston, *The Hot Zone*, New York, Anchor Books, Doubleday, 1995.

* Il s'agirait, pour la France, d'une centaine de milliards de francs (*Le Monde*, 22-23 juin 1997). Les problèmes liés à l'infection par le virus de l'hépatite C (VHC) sont de nature assez semblable à ceux posés par le VIH-1. À la transmission par la drogue (70 % des toxicomanes sont réputés infectés) et le sexe (de façon encore mal connue) se sont ajoutées nombre de contaminations par transfusion sanguine. D'où la qualification de « deuxième scandale du sang contaminé » utilisée par certains. Pour une analyse critique, voir Aquilino Morelle, *La Défaite de la santé publique*, Paris, Flammarion, 1996.

La lutte engagée contre les agents infectieux est loin d'être gagnée et, en fait, elle ne peut avoir de fin. La variole est, selon les critères adoptés par l'OMS, éradiquée, mais plusieurs cas d'infection de l'homme par un virus variolique du singe ont été récemment rapportés. Faudra-t-il un jour développer un nouveau vaccin contre ce type de virus ? L'expérience acquise dans les pays occidentaux montre bien que, tout au moins dans l'état actuel des connaissances, l'hygiène ne suffit pas à contrôler totalement les infections. L'hôpital lui-même n'est-il pas devenu un lieu à risque d'infection élevé * ? Compte tenu, pour l'instant, de l'absence quasi générale de médicaments antiviraux et antiparasitaires efficaces et de la propagation des résistances aux antibiotiques **, la vaccination joue un rôle majeur dans les politiques de santé publique. En dépit de son efficacité souvent remarquable, attestée par des succès majeurs (telle que la quasi-éradication de la poliomyélite dans les pays développés tout au moins) et de son coût relativement faible, la vaccination, comme le reste de la médecine préventive, est relativement peu développée ***. La lutte contre les agents infectieux par la vaccination préventive mobilise, au plan mondial, des moyens considérables. Elle est une des pré-

* Le taux des infections acquises en milieu hospitalier, ou infections nosocomiales, est, en France, de 6,7 % et peut atteindre 20 % pour certains types d'intervention chirurgicale. Ces infections toucheraient donc près de 80 000 personnes par an et provoqueraient environ 10 000 morts (*Le Monde*, 11 juin 1997).

** Particulièrement pour les maladies nosocomiales, mais aussi pour des germes circulants. Un rapport de l'OMS du 22 octobre 1997 met l'accent sur la progression d'une nouvelle forme de tuberculose provoquée par des bacilles résistants aux médicaments jusqu'ici efficaces (*Le Monde*, 24 octobre 1997).

*** Le marché mondial des vaccins ne représente que 2 % environ du marché mondial de la pharmacie. Des calculs macro-économiques montrent que cette dimension de marché ne génère pas suffisamment de revenus pour permettre le développement de nombreux vaccins nouveaux, au premier rang desquels on trouve non seulement des vaccins destinés en priorité aux pays en voie de développement – la malaria et la bilharziose par exemple –, mais aussi des vaccins importants pour les pays développés.

occupations majeures de l'Organisation mondiale de la santé et a été marquée, depuis Pasteur, par plusieurs personnalités remarquables * et un déploiement considérable d'énergies. La vaccination requiert un effort et un suivi constants. De nombreux exemples attestent que des poussées épidémiques se reproduisent lorsque la couverture vaccinale baisse, si l'agent infectieux n'a pas été véritablement éradiqué **.

Le virus de l'hépatite B (VHB) a été caractérisé dans les années 1970 et son génome a été cloné en 1981. Ce petit virus qui ne comporte qu'une demi-douzaine de gènes est responsable, on l'a vu, de 1,2 million de morts par an dans le monde (en fait, 2 millions si l'on comptabilise les complications associées). Ses ravages ne sont pas limités aux pays en voie de développement ***. Le virus est peu variable, ce qui a facilité la mise au point d'un vaccin. Dans sa version initiale, ce dernier était préparé à partir de particules virales isolées du sérum de patients atteints d'hépatite B. Lorsque le génome fut cloné, on put mettre au point des vaccins

---

* L'ouvrage du Dr Charles Mérieux, *Virus passion*, Paris, Robert Laffont, 1988, 1997, décrit bien l'extraordinaire aventure de la vaccination, dont l'épisode remarquable de la vaccination de masse menée en urgence au Brésil, en 1975, qui bloqua le développement d'une épidémie de méningite qui eût provoqué sinon des ravages dramatiques.

** La diphtérie fait ainsi sa réapparition en Europe de l'Est. Responsable de cinquante mille morts en Europe, en 1943, la diphtérie a été combattue par la vaccination systématique des enfants et des jeunes adultes après la Seconde Guerre mondiale. Les résultats ont été spectaculaires. Environ un million de cas avaient été rapportés en 1943. En 1990, dans plusieurs pays européens, le nombre des cas rapportés a décru jusqu'à zéro. Dans l'ex-Union soviétique, et notamment en Russie et en Ukraine, une forte résurgence est observée depuis 1990 (plus de vingt-cinq cas notifiés pour cent mille habitants). Ce redémarrage de l'épidémie est attribué à plusieurs raisons : la chute de la couverture vaccinale des enfants qui, dans plusieurs villes, est tombée au-dessous de 50 % ; des irrégularités dans la distribution des vaccins ; la diffusion d'informations alarmistes sur l'inefficacité et le danger des vaccins ; les mouvements de population survenus au moment de la chute de l'empire soviétique (*cf.* E. Bouvet, *La Revue du praticien*, 11, 1997, p. 17-21).

*** On dénombre chaque année environ deux cent mille nouveaux cas d'hépatite B aux États-Unis où le virus est responsable d'environ cinq mille morts par an.

« recombinants » ; ceux-ci sont constitués de capsules virales vides, c'est-à-dire dépourvues des gènes viraux. Ils sont produits par génie génétique à partir de cellules en culture ou de levures qui ont été génétiquement modifiées de façon qu'elles synthétisent les particules vides en abondance. Ils sont beaucoup plus purs et, en principe, exempts des risques associés aux vaccins d'origine plasmatique. Il s'est agi, en fait, de l'un des premiers succès éclatants du génie génétique et l'une des preuves les plus évidentes de son efficacité et de son « utilité ».

L'hépatite B est une maladie grave. Au danger mortel associé aux hépatites fulminantes doit être ajouté un risque élevé de développement ultérieur de cancer du foie. Le virus (VHB) est très contagieux. Il est transmis principalement par voie sexuelle et par le sang. La transfusion sanguine fut la source de nombreuses contaminations avant qu'un test de dépistage systématique permette d'analyser les dons de sang. En milieu hospitalier, les fréquentes contaminations du personnel soignant firent classer l'hépatite B comme maladie professionnelle. Peu après la mise au point d'un vaccin, leur vaccination fut rendue obligatoire. Le risque de transmission verticale est important : une mère porteuse du virus le transmet à son enfant dans 90 % des cas. En 1991, l'Organisation mondiale de la santé décida de recommander la vaccination générale avec l'objectif non pas d'éradiquer la maladie, ce qui est impossible en raison de l'existence de plus de trois cents millions de porteurs, mais d'en bloquer la transmission. Les nourrissons furent inclus dans la recommandation parce que nombre d'entre eux, surtout dans les pays en voie de développement, sont infectés par des mères asymptomatiques qui souvent ignorent leur état. En 1994, les pouvoirs publics, en France, après avoir pris l'avis d'un groupe d'experts indépendants, décidèrent, comme près de cent pays dans le monde, de suivre l'Organisation mondiale de la santé, et de promouvoir la vaccination de masse contre l'hépatite B. Il s'agit d'une recommandation (assortie d'un remboursement partiel) et non d'une obligation. Les enjeux de santé publique, en France même, sont importants. Plus de cent mille individus sont porteurs et des milliers sont contaminés chaque année. Dix mille environ présentent des symptômes et, dans 10 % des cas, l'hépatite devient chronique avec un risque élevé de dégénérer en cirrhose ou en cancer du foie. On estime à plusieurs milliers (cinq mille environ) le nombre des enfants qui, nés d'une mère infectée, sont exposés à un risque élevé d'hépatite. Fin 1995, le quart de la population française (soit dix-sept millions de personnes) était vaccinée [3].

Rumeurs sur le vaccin

Lorsque, après des essais cliniques qui portent d'ordinaire sur plusieurs milliers de personnes, un nouveau vaccin est mis en circulation, il fait l'objet d'une surveillance active. Des coïncidences entre vaccination et toutes sortes de syndromes et de pathologies sont statistiquement inévitables ; elles sont publiées ou répertoriées de façon à alimenter des études de pharmacovigilance et à évaluer la sécurité à grande échelle du vaccin. À ma connaissance, le premier article décrivant deux cas d'atteintes neurologiques, six semaines après la vaccination contre l'hépatite B, date de 1991 [4]. En France, s'appuyant sur les déclarations d'un clinicien, et bien que la description des cas cliniques n'ait fait l'objet d'aucune publication dans une revue spécialisée, l'hebdomadaire *VSD* titra, en couverture, le 14 novembre 1996 : « Hépatite B : soupçon sur le vaccin. » L'article affirmait tout de go que « le virus tue une centaine de personnes chaque année. Mais, dans le même temps, des centaines d'accidents neurologiques, causés par le vaccin, apparaissent en plein jour ». L'information créa un certain émoi. Trois semaines plus tard, elle fut reprise par *Le Monde* [5] qui y consacra une demi-page. L'Agence du médicament, sommée par cette action de presse de fournir des explications, se trouva dans l'incapacité de répondre immédiatement, certains praticiens n'ayant pas, semble-t-il, communiqué leurs relevés de pharmacovigilance. Au bout de trois semaines, l'Agence publia un communiqué fournissant deux chiffres importants : le nombre d'atteintes neurologiques notifiées chez les individus vaccinés entre janvier 1989 et décembre 1996 était de 144. Le nombre d'attaques du même type survenues, pendant la même période, dans la population non vaccinée était, en proportion, nettement supérieur. Tous les cas suspects n'avaient pas nécessairement été notifiés, mais on pouvait en conclure que les atteintes neurologiques observées étaient probablement sans rapport avec la vaccination. La plupart des journaux considérèrent alors l'affaire comme close. *Le Monde* du 18 décembre 1996 publia un article intitulé : « Les contre-indications du vaccin contre l'hépatite B ne seront pas élargies. » *Le Figaro* et *Libération* (14-15 décembre 1996) éditèrent des entrefilets laconiques. *L'Événement du jeudi* (19-25 décembre 1996) sera plus ironique et titrera : « Hépatite B : l'info arrive après l'émoi. » Et *Impact Médecin* (16 décembre 1996) : « Sclérose en plaques : le vaccin contre l'hépatite B est innocenté. »

Pourtant, la polémique n'était pas terminée. Des personnes ayant eu à souffrir de manifestations de sclérose en plaques ou de syndrome de Guillain-Barré peu après leur vaccination avaient porté plainte contre les fabricants de vaccins. Le 4 avril 1997, la société Pasteur-Mérieux fut condamnée sous le chef que la vaccination était la cause d'un accident grave survenu une quinzaine de jours après la vaccination et que le patient n'avait pas été suffisamment informé du risque. Le fabricant fit appel du jugement qui le déclare coupable au motif de la responsabilité sans faute, un concept juridique de plus en plus fréquemment utilisé depuis le drame du sang contaminé (*cf.* chapitre VIII). Comme dans ce dernier cas, des patients regroupés en association ont entrepris de préparer une série d'actions en justice. Fin mai 1997, l'Organisation mondiale de la santé, dans son relevé épidémiologique hebdomadaire, fit le point sur la vaccination contre l'hépatite B, en reprenant, pour la

France, les données de l'Agence du médicament. L'Organisation confirma que le taux de maladies démyélinisantes chez les vaccinés n'est pas supérieur au taux observé chez les non-vaccinés (1,8 cas par million de doses de vaccin ou 0,6 cas pour cent mille personnes pleinement vaccinées). L'OMS précisa en outre que le taux de sclérose en plaques chez des individus naturellement infectés par le virus VHB, qu'ils soient symptomatiques ou asymptomatiques, n'est pas supérieur à celui observé chez les individus non infectés. Or, si le virus lui-même ne provoque pas de maladie démyélinisante, il paraît peu probable que l'enveloppe du virus dont le vaccin est constitué puisse le faire. L'OMS mit alors publiquement en garde contre le fait que : « cette désinformation pourrait s'étendre à d'autres pays [...] et porter tort à certains programmes de santé publique ». Ces déclarations furent relayées par les producteurs de vaccin et reprises par plusieurs journaux, généralement spécialisés : « L'OMS au secours du vaccin », titra *Le Progrès* du 10 juillet 1997. « La France dispose-t-elle d'un système de pharmacovigilance plus performant que tous les autres ? » s'interrogea, avec humour, *Le Quotidien du médecin*, prenant acte du fait que la polémique était strictement confinée à l'Hexagone. Dans aucun autre pays, en effet, les autorités de santé n'ont exprimé de doute sérieux sur la sécurité du vaccin. Fin 1997, plus de cinq cents millions de personnes dans le monde étaient vaccinées contre l'hépatite B, et les États-Unis décidaient de renforcer leur programme de vaccination. En France, contrairement à tous les autres pays, les ventes de vaccin avaient baissé de façon significative.

⁂

Il semble donc que le vaccin contre l'hépatite B soit véritablement dépourvu de danger *. On notera qu'en toute

---

* Il existe trois vaccins sur le marché, tous constitués de capsides virales produites par génie génétique, mais synthétisées dans l'un par des

rigueur on ne peut être absolument certain que le risque de provoquer des désordres neurologiques soit inexistant. Les pathologies auto-immunes sont souvent lentes à se développer, de sorte que l'on peut arguer que le recul manque encore pour juger d'éventuels effets à long terme. C'est vrai de tous les nouveaux vaccins comme, d'ailleurs, de tous les nouveaux médicaments. On peut aussi se demander si l'activation du système immunitaire mise en jeu par la vaccination est susceptible d'avoir des effets indésirables dans de rares cas liés soit à une pathologie préexistante qu'aggraverait l'acte vaccinal, soit à l'existence de particularités ou de défauts génétiques **, soit à un environnement particulier, tel qu'une infection par des agents opportunistes. Bien entendu, toute vaccination de masse touche nécessairement des individus qui ont déjà, ou vont contracter des maladies. Des coïncidences entre l'acte vaccinal et l'émergence de pathologies chez des individus nouvellement vaccinés se produisent nécessairement. C'est l'interprétation qui ressort des données publiées par l'Agence du médicament et confirmées par l'OMS. Il n'est d'ailleurs pas rare, à l'étranger comme en France, qu'après une campagne de vaccination de masse la question d'une association possible entre la vaccination et le déclenchement de syndromes auto-immuns soit posée. Jusqu'à présent, à ma connaissance, la

---

cellules de mammifères et dans les deux autres par des levures. Si problème il y a, il touche les trois types de vaccin, ce qui exclut des singularités de préparation.

** Un très petit nombre d'enfants vaccinés par le BCG tombent malades et développent une BCGite. Le BCG (bacille Calmette-Guérin) est un vaccin vivant constitué par un germe très affaibli, une mycobactérie qui se développe très faiblement chez le receveur, et provoque une réponse immunitaire qui a pour double effet de l'éliminer et de vacciner contre le bacille tuberculeux avec lequel le BCG présente des similitudes. Chez les enfants qui font une BCGite, le vaccin vivant est mal éliminé. Il a été montré que certains sont porteurs d'un défaut génétique qui provoque une déficience immunitaire partielle. Ces enfants sont donc porteurs de mutations qui sont révélées par le vaccin dont la « qualité » n'est donc pas directement en cause. (Jovanguy *et al.*, *New England Journal of Medicine, 335*, 1996, 1956).

réponse a toujours été négative *. Tout porte donc à penser que la vaccination contre l'hépatite B ne présente aucun risque particulier qui la distingue d'autres vaccinations.

Comment les médias français ont-ils géré la question ? Certains journaux ont eu une ligne de conduite parfaitement rigoureuse alors que d'autres ont commis des erreurs. La première est sans doute, une fois encore, d'avoir utilisé une information qui n'avait fait l'objet d'aucune publication dans la presse scientifique ou médicale. Aucun document largement accessible ne décrivait les cas cliniques, ni ne fournissait de données statistiques. L'information de départ n'était donc ni mise en forme ni validée, du moins selon les règles habituelles. L'hebdomadaire *VSD* qui lança le « scandale » commit en outre des fautes d'un autre ordre. Son titre, « Soupçon sur le vaccin », n'est pas faux. En revanche, le sous-titre, « Le virus tue une centaine de personnes chaque année », et la suite, « dans le même temps des centaines d'accidents neurologiques causés par le vaccin apparaissent en plein jour », contiennent deux inexactitudes graves. D'une part, des chiffres incorrects sont associés pour suggérer que le bénéfice du vaccin est en fait négatif (si l'on devait se livrer à ce type de comparaison, il faudrait ajouter aux décès les victimes d'hépatites chroniques graves, cirrhoses et cancers dus à l'infection par le VHB). D'autre part, et surtout, l'affirmation d'une relation causale entre la vac-

* L'hypothèse d'un lien entre la vaccination contre la rougeole et le syndrome de Guillain-Barré a ainsi été soulevée en Grande-Bretagne où trois cas avaient été décrits après une campagne de vaccination avec le ROR (rougeole, oreillons, rubéole) en 1994. Une vaste étude menée sur une population de soixante-treize millions d'enfants vaccinés dans quatre pays d'Amérique latine a permis de montrer qu'il n'y avait aucune association entre la vaccination ROR et l'apparition du syndrome de Guillain-Barré (observée chez plus de deux mille enfants) (*cf.* da Silveira *et al.*, *Lancet, 349*, 1996, 14-16) – ce qui n'empêche pas que l'on signale d'autres associations possibles avec des maladies rares comme la maladie de Crohn ou l'autisme. Une autre étude portant sur le vaccin contre la rubéole n'a révélé, contrairement à des supputations antérieures, aucun accroissement du risque d'arthrite chez les femmes vaccinées (Ray *et al.*, *JAMA, 278*, 1997, 551-556).

cination et les accidents neurologiques n'est pas fondée. De tels dérapages sont inquiétants au plan de la déontologie journalistique et malheureusement fréquents dans la « fabrication » des scandales dont une certaine presse se satisfait.

Plus intéressante à analyser est une forme subtile d'erreur commise par plusieurs quotidiens, et que je détaille ici à partir de l'article publié le 5 décembre 1996 par *Le Monde*. Le journaliste y mentionne, avec toutes les précautions nécessaires, l'existence de cas suspects de sclérose en plaques consécutifs à la vaccination. Il rappelle, justement, que l'Agence du médicament s'est préoccupée de la vaccination de personnes déjà atteintes de sclérose en plaques et de celles qui pourraient, dans leur contexte familial, être en situation de risque de développer cette maladie. Il cite le chiffre de quarante et un cas d'effets indésirables sur huit cent cinquante mille personnes vaccinées. Mais il ne produit aucun chiffre qui permette une comparaison avec la population non vaccinée. Ce chiffre témoin, dira-t-on, n'était pas disponible. Mais *l'absence* même de ce chiffre n'est pas évoquée. Or, si le journaliste avait fait état de l'absence de ce chiffre capital qui fut publié trois semaines plus tard, son article aurait eu une tout autre allure. Il eût été moins spectaculaire, puisque l'hypothèse soulevée en filigrane que le vaccin pouvait poser un grave problème de santé publique aurait été distanciée. N'importe quel lecteur de bon sens en aurait déduit qu'avant de dramatiser il valait mieux attendre de disposer du chiffre témoin –, d'autant que, la vaccination étant pratiquée depuis sept ans, il ne s'agissait pas d'un problème d'actualité urgent. Cette omission conduisait donc à égarer l'opinion. Pour reprendre un terme que j'ai utilisé plus haut, l'information concernait un « non-fait », un fait non établi, par manque d'une exigence suffisante sur la qualité des informations qui en fondent la réalité.

Les épisodes suivants furent très convenablement couverts par l'ensemble des grands médias qui choisirent de s'y intéresser – à part *VSD* qui poursuivit une campagne alarmiste et insinuante. Bien évidemment, les déclarations rassurantes de l'OMS, en mai 1997, eurent peu de poids par rapport à la condamnation de la société Pasteur-Mérieux qui survint en avril et fut couverte par les grands médias, y compris les télévisions, à ma connaissance de façon parfaitement correcte. Il n'en demeure pas moins que le poids émotionnel d'images montrant une malade accusant le vaccin ne pouvait manquer d'avoir un impact. La condamnation du fabricant projetait inévitablement un soupçon sur le vaccin. On ne saurait reprocher au grand public de ne pas être rompu aux subtilités de la responsabilité sans faute.

Les ventes de vaccin par les différents fabricants en France avaient chuté, dès le début 1997, de plus de 50 %. Elles se sont maintenues à ce niveau pendant l'ensemble de l'année 1997, alors qu'elles croissaient dans les autres pays d'Europe. Une certaine reprise semblait se manifester fin 1997. Il ne fait guère de doute que la diminution de la vaccination en France est due, en partie, à ces événements médiatiques. On ne peut probablement pas la leur imputer en totalité, la France ayant entamé sa campagne de vaccination systématique avant d'autres pays européens, où, en 1997, la vague de vaccination était montante tandis qu'elle commençait sans doute à décroître dans l'Hexagone. Il est important de savoir que l'enjeu dépasse à terme le seul vaccin contre l'hépatite B : afin d'élargir la couverture vaccinale avec le même nombre d'injections, les producteurs de vaccins sont en train de développer des combinaisons de vaccins dont celui contre l'hépatite B constitue une valence. Ces développements durent plusieurs années et mettent en jeu des moyens considérables ; leur remise en cause, en France, par une contestation injustifiée de la vaccination contre l'hépatite B aurait des conséquences notables sur les actions de santé publique. Au plan des interprétations possibles, il est peut-être intéressant de relever que, promue comme vaccination des jeunes adolescents, la vaccination s'est largement étendue aux adultes, mettant ceux-ci face à une sorte de choix responsable pour eux-mêmes, mais fondé sur une conviction fragile. Ainsi, avant même que le risque hypothétique de sclérose en plaques ait été agité, des enquêtes avaient montré que les médecins étaient plutôt réfractaires à l'idée de se vacciner contre l'hépatite B.

On retiendra de tout cela plusieurs leçons. La première est que la diffusion d'informations techniques ou scientifiques non validées est décidément un procédé à proscrire. La deuxième est qu'une campagne de presse de faible amplitude qui répand le doute peut avoir un impact fort et durable dans l'opinion. La troisième est que la presse elle-même ne parvient pas à réparer les dégâts qu'elle a pu commettre par la diffusion de l'information correcte après la dissémination de l'information incomplète ou fautive. On relèvera enfin l'absence de mémoire qui entoure le système médiatique. Qui sait ou se soucie que tel ou tel média, tel ou tel journaliste, s'est plus ou moins bien comporté dans cette affaire ou dans d'autres ?

Mais pourquoi cette spécificité hexagonale ? La France serait-elle le seul pays où de tels dérapages se produisent ? Certainement pas. En l'espèce, il est difficile de ne pas mettre en relation le fort impact d'une campagne de presse d'ampleur plutôt modeste avec l'existence, en France, d'un important courant antivaccinal. Peut-être le pays de Pasteur a-t-il trop sacralisé le père de la vaccination dont tout un chacun croise quotidiennement le nom au détour d'une rue, d'une avenue, d'un boulevard. Peut-être la dimension civique que l'on a associée à l'acte vaccinal a-t-elle suscité en retour une sorte d'intégrisme antagoniste. Il faut aussi reconnaître que la France est l'un des pays où la vaccination obligatoire est la plus répandue. Quoi qu'il en soit, le mouvement antivaccinal y est bien organisé [6]. Il remonte à la fin du XIXe siècle et on se souvient que Pasteur fut, au départ, abondamment brocardé. La Ligue universelle des antivaccineurs, active dès 1880, était un mouvement international qui combattit, parfois avec succès, l'obligation de la vaccination, à commencer par la vaccination antivariolique, en Angleterre et en France. Diverses ligues et associations antivaccinales virent ensuite le jour en France. Le mouvement antivaccinaliste n'est pas sans lien idéologique avec d'autres courants minoritaires. La critique de la médecine préventive comme interférant avec la prise en charge de l'individu par lui-même rejoint les préoccupations de ceux qui prônent les médecines douces ou parallèles. On compte, en France, environ dix mille médecins qui prescrivent des remèdes homéopathiques dont deux mille homéopathes « stricts ». C'est parmi ces derniers, ainsi que parmi les acupuncteurs et les mésothérapeutes, que l'on trouve la majorité des médecins qui déconseillent ou refusent la vaccination et qui délivrent les certificats médicaux autorisant des dérogations aux vaccinations obligatoires. Les associations antivaccination s'expriment dans quelques journaux et, en s'en défendant parfois, militent, souvent avec mordant, contre la vaccination en avançant trois arguments principaux : la liberté individuelle et le libre choix qui s'opposent au principe même de la vaccination obligatoire ; les risques prétendument associés à la vaccination ; et l'immoralité des profits considérables empochés par des fabricants dont les intrigues pour vendre plus infiltreraient, jusqu'aux plus hauts niveaux, les administrations et l'État *. Il est difficile d'évaluer le poids réel de ces associations **. Mais on doit remarquer que la contestation vaccinale trouve un écho dans des sphères plus larges. Dans son numéro de

* « Ils dictent leur loi aux gouvernements. Les lobbies pharmaceutiques, empoisonneurs publics », titre un article de *La Vie naturelle* d'octobre 1997, où l'on peut lire, à propos de la vaccination contre l'hépatite B : « Ce cauchemar qui risque de faire beaucoup plus de victimes innocentes, désinformées et agressées par les aiguilles, ampoules buvables et gélules d'irresponsables qui mériteraient d'être traduits devant les tribunaux pour crime contre l'humanité, ce cauchemar est en train de s'abattre sur nos enfants... » Suit une charge contre le génie génétique, source de produits dangereux.

** Dans sa livraison de juin 1997, après la condamnation de Pasteur-Mérieux mentionnée plus haut, *L'Impatient, alternative santé* annonce que l'« affaire » ne fait que commencer et qu'une pétition réclamant un moratoire sur la vaccination contre l'hépatite B a recueilli sept mille signatures. Un réseau aurait recueilli deux cent soixante-deux plaintes potentielles regroupées par des avocats.

mars 1997, la revue *Science et Avenir* publie un article intitulé : « Faut-il vacciner ? » On y trouve l'affirmation sèche – sans énoncé des arguments qui ont fondé une décision mûrement réfléchie des pouvoirs publics – que la vaccination systématique des nourrissons contre l'hépatite B constitue un abus flagrant. De façon étonnante, la revue se sent autorisée à publier un tableau comparatif fournissant le calendrier officiel des vaccinations, mis en parallèle avec une colonne intitulée « Nos propositions » qui suggèrent de fortes réductions, y compris dans les vaccinations de l'enfant.

Deux logiques s'affrontent dans la vaccination. La première est collective : si on veut réduire le risque épidémique voire éradiquer un agent infectieux, la vaccination de masse est nécessaire afin de réduire ses capacités de dissémination. La seconde logique avance l'argument de la liberté individuelle pour réfuter la vaccination obligatoire. La question du risque vaccinal se trouve ainsi projetée dans le débat beaucoup plus large de la discipline collective requise pour atteindre certains objectifs de santé publique. Il est possible de lire l'histoire de la vaccination de plusieurs manières. On peut certes y voir un incroyable champ d'expérimentation sur l'homme, avec des prises de risque considérables lors des premières vaccinations de masse [7]. Mais, avec les vaccins essentiellement sûrs qui sont disponibles aujourd'hui, les prises de risques sont désormais considérablement réduites. La vaccination est aussi la mise en œuvre, à l'échelle mondiale, d'un immense projet de santé publique qui paraît en l'état indispensable si l'homme veut lutter efficacement contre les agents infectieux qui l'entourent de toute part. En ce sens, comme l'écrit A.-M. Moulin [8], « la vaccination ne se contente pas de suggérer les moyens d'une activité efficace sur les choses, elle structure les relations entre les hommes et façonne les représentations que les hommes ont d'eux-mêmes. La vaccinologie, science aux multiples facettes, est une façon d'interroger le monde ».

Chapitre VI

LE DRAME DU SANG CONTAMINÉ

Les années 1980 ont vu naître l'épidémie de sida. L'épidémie continue à s'étendre aujourd'hui. Même si, dans la hiérarchie sinistre des maladies infectieuses, le sida n'est pas (encore ?) en tête des pathologies mortelles, ses ravages sont énormes. Si, dans les pays occidentaux, après avoir tué des centaines de milliers de personnes, l'épidémie paraît stabilisée, elle galope en Afrique et, maintenant, en Asie. Le monde industrialisé, tout bardé qu'il est de dispositifs sécuritaires, a découvert avec stupéfaction qu'il n'était pas à l'abri de pathologies émergentes. La biologie triomphante aura lourdement peiné à dégager des solutions thérapeutiques et nul ne peut être encore certain qu'un vaccin efficace verra jamais le jour *. Enfin, la gestion, dans les pays

* En 1996, le succès de la trithérapie (un mélange de trois antiviraux dont l'action combinée réduit considérablement, sans toutefois l'annuler, la probabilité d'émergence de virus résistants au traitement) a profondément modifié la situation dans les pays développés, d'une façon que l'on espère stable, sans en être véritablement assuré. La trithérapie est chère. Les pays en voie de développement n'en bénéficient quasiment pas à ce stade. Plusieurs candidats vaccins sont à l'étude. L'un d'entre eux, en 1997, était entré en essai clinique de phase 2. Il est impossible de prédire si ces vaccins auront, ou non, une efficacité significative. En raison des lourdeurs du développement et de la difficulté des essais cliniques, aucun vaccin à usage du public ne doit être attendu avant 2005 et même, peut-être, 2010.

occidentaux, de l'épidémie naissante a révélé des failles très graves dans les systèmes de santé publique. Le développement de l'épidémie, les erreurs dramatiques qui ont pu avoir lieu ont suscité beaucoup de réflexions et de commentaires qui sont consignés dans une abondante littérature [1]. Mon ambition ici n'est pas de décrire et de discuter tous les aspects de cette tragédie. Conformément à l'intention générale de ce livre, je m'attacherai à décrire et à discuter quelques éléments qui ont donné lieu à des glissements de sens. L'analyse de ces derniers, dans le contexte français, prend une dimension particulière : la France, on le sait, est le seul pays occidental à avoir mis en accusation plusieurs hauts responsables politiques.

La découverte du virus VIH-1

L'émergence de l'épidémie de sida fut repérée aux États-Unis, en 1981, par le Center for Disease Control ou CDC. Ce réseau de santé publique, alerté par l'apparition de quelques cas en Californie, puis à New York, lança immédiatement des signaux d'alerte et organisa un travail épidémiologique remarquable. La pathologie nouvelle était surprenante par bien des aspects. Ses manifestations cliniques étaient variées, incluant des pneumonies provoquées par des parasites d'ordinaire inoffensifs, un cancer très particulier, le sarcome de Kaposi, des infections à cytomégalovirus, à herpès, des candidoses, etc. Tous les premiers cas décrits touchaient des homosexuels masculins. Fin 1981, ce tableau clinique fut interprété comme résultant d'une déficience généralisée du système immunitaire et le terme de sida (syndrome d'immunodéficience acquise) vit le jour. On repéra bientôt plusieurs cas de femmes atteintes de sida. Les études menées par le CDC ne tardèrent pas à préciser les modes de transmission de la maladie. Celle-ci, à l'évidence, était d'origine infectieuse. L'interrogatoire de malades permit d'établir la transmission par voie sexuelle puis la transmission par le sang entre héroïnomanes. En juillet 1982 furent signalés plusieurs cas de pneumocystoses chez des hémophiles. La transmission par voie sanguine et par les produits sanguins, évoquée dès la mi-82, fut confirmée par plusieurs autres rapports, de sorte que, début 1983, la contagiosité du sida et sa transmission par le sperme ou par le sang, à partir d'individus malades ou asymptomatiques, étaient établies par un faisceau de données épidémiologiques.

Les signaux d'alerte émis par le CDC furent reçus en France où Willy Rozenbaum, alors chef de clinique dans un hôpital parisien, nota un premier cas qui ressemblait aux observations rapportées par le CDC et organisa, en 1982, un groupe de suivi avec d'autres cliniciens, notamment Jacques Leibowitch, confrontés à des cas de sida. Ce groupe de travail fut connecté, par l'intermédiaire de Claude Weisselberg, au ministère de la Santé où il reçut l'appui du directeur général de la Santé, Jacques Roux. Il joua un rôle très significatif. Il entretenait des rapports avec le CDC, impulsa le suivi épidémiologique en France et fut à l'origine de la circulaire de 1983 sur le questionnement des donneurs de sang. Il stimula aussi la recherche de l'agent infectieux. Aux États-Unis, Robert Gallo, connu pour avoir isolé les deux premiers rétrovirus humains HTLV-1 en 1980 * et HTLV-2 en 1982, s'était engagé dans la recherche d'un rétrovirus comme agent causal du sida **. Des cliniciens français, dans la même perspective, commencèrent à effectuer des prélèvements chez des malades. C'est ainsi que, début 1983, ils fournirent à l'Institut Pasteur un échantillon que Luc Montagnier, Jean-Claude Chermann et Françoise Barré-Sinoussi mirent en culture. Des mesures de transcriptase reverse révélèrent la

* En parallèle, ici encore, avec un important travail épidémiologique mené au Japon par Yorio Hinuma et ses collaborateurs qui avait conduit à la caractérisation d'un virus associé à une leucémie (ATLV, adult T-cell leukemia virus) et dont l'identité avec le HTLV-1 fut établie en 1982.

** Le tableau clinique complexe du sida et l'incidence élevée chez les homosexuels avaient encouragé les hypothèses les plus diverses.

présence d'un rétrovirus qui fut isolé. Il fut alors baptisé LAV et, plus tard, renommé VIH-1. Je me souviens que, lorsque la rumeur me parvint, je ne fus pas ému outre mesure. L'épidémie de sida n'était guère visible à l'époque et je n'ignorais pas qu'isoler un nouveau virus n'est qu'une première étape, car il faut en outre démontrer qu'il est l'agent causal de la pathologie qu'on lui attribue. Cette preuve n'est pas toujours facile à obtenir : le nouvel isolat peut n'être qu'un agent opportuniste, responsable d'une pathologie mineure, sans aucun rapport avec celle dont on cherche l'origine *. On comprend donc que, concernant le virus VIH-1, il y ait eu en fait deux découvertes. Il y avait présomption que le virus isolé à l'Institut Pasteur soit responsable du sida mais, pour en apporter la démonstration, il fallait établir la présence de ce même virus chez une série de patients atteints de sida, et cela d'autant plus que l'échantillon initial provenait d'un patient qui présentait des signes prémonitoires, mais pas de maladie déclarée. En raccourci, on peut dire que la polémique entre Luc Montagnier et Robert Gallo sur la découverte du virus HIV-1 a moins porté sur l'isolement du virus qui fut indubitablement effectué en France et publié en mai 1983 que sur l'établissement de la preuve que ce dernier était bien responsable de la maladie **. On peut considérer qu'en

---

* On a vu dans le chapitre V combien la prégnance des agents infectieux est grande et à quel point on sous-estime généralement la proximité et la complexité du monde des micro-organismes et, notamment, des pathogènes auxquels nous sommes en permanence exposés. De nombreux exemples illustrent la difficulté d'établir la relation causale entre un pathogène et une maladie. Par exemple, un rétrovirus a été isolé en 1989 de patients atteints de sclérose en plaques. Ce n'est qu'en 1997 que ses découvreurs ont apporté des éléments étayant l'hypothèse d'une relation causale avec la maladie (Perron *et al.*, *Proc. Natl. Acad. Sci.*, (États-Unis), *94*, 1997, 7583-7588), sans que ceux-ci soient considérés unanimement comme des preuves.

** Sur le rôle détaillé des intervenants français et sur les épisodes controversés de la découverte du virus, on pourra se rapporter aux ouvrages de L. Montagnier, *Des virus et des hommes*, Paris, Odile Jacob, 1994, et R. Gallo, *Chasseur de virus*, Paris, Robert Laffont, 1991, mais aussi à *L'Histoire du sida* de Mirko D. Grmek, Paris, Payot, et à l'ouvrage très clair de B. Seytre, *Histoire de la recherche sur le sida*, Paris, PUF,

1984 la preuve était acquise et ce n'est pas diminuer les mérites de l'équipe pasteurienne que de reconnaître que l'équipe de Robert Gallo, après avoir fluctué sur la nature du virus impliqué, a fourni une contribution importante sur son rôle causal dans la pathologie.

Le fait que le VIH-1 appartienne à la classe des rétrovirus compliquait singulièrement les affaires. Tous les virus sont constitués d'une coque (ou capside) qui renferme les gènes viraux. Ceux-ci sont libérés à l'intérieur des cellules infectées et détournent à leur profit une partie de leur potentiel métabolique pour fabriquer en grand nombre de nouvelles particules virales qui, libérées par la cellule, généralement détruite, vont en infecter d'autres. Ce qui est particulier aux rétrovirus, c'est que leur génome est fait d'ARN et non d'ADN et qu'il code pour une enzyme, la transcriptase reverse, découverte en 1970, capable de convertir l'ARN en ADN. L'ADN viral, dans certains cas, s'intègre dans un des chromosomes de la cellule hôte et y demeure silencieux. La cellule hôte est alors, en apparence, normale. Mais, en se multipliant, elle multiplie l'information virale. Certains stimuli peuvent réveiller ce cheval de Troie endormi et déclencher à nouveau la production de virus. Un rétrovirus peut donc soit directement se multiplier en tuant la cellule qu'il infecte, soit s'y tapir et c'est alors la cellule qui propage son génome. Il en résulte que les rétrovirus provoquent souvent des infections de longue durée, contrairement à d'autres virus comme le virus de la grippe. Celui-ci est aussi un virus à ARN, mais il est dépourvu de transcriptase reverse et de ce fait provoque des infections fulminantes et non des infections chroniques.

Il se trouve en outre que le génome de l'homme contient plusieurs milliers de séquences de rétrovirus endogènes qui sont transmises de façon héréditaire et dégénérées pour la

« Que sais-je ?, 1995. Une déclaration commune de R. Gallo et L. Montagnier, « The chronology of AIDS research », a été publiée dans *Nature 326*, 1987, 435-436, avec un éditorial, p. 425-426.

plupart – comme si nos génomes servaient de cimetières à ces parasites rétroviraux, en apparence défunts au plan évolutif. Ils constituent une fraction non négligeable de l'ADN dit « inutile ». Ils peuvent servir de jalons dans les cartes génétiques. La plupart sont défectifs mais on observe pourtant dans certaines cellules la synthèse de capsides virales et il peut arriver que ces séquences rétrovirales endogènes recombinent. Ce parasitisme génétique est retrouvé dans toutes les espèces eucaryotes de la levure à l'homme, en passant par les plantes, les mouches, les oiseaux, les poissons et les mammifères.

Des rétrovirus *exogènes*, actifs et infectieux, ont d'abord été découverts chez les oiseaux, le poulet notamment, et chez la souris. La plupart de ceux qui furent étudiés provoquaient des cancers. On démontra que des génomes rétroviraux, sous forme d'ADN, intégrés à proximité de, ou dans des gènes cellulaires essentiels, en dérèglent l'expression ou la fonction. Le contrôle du cycle cellulaire est alors perturbé et la cellule se trouve dans un état prétumoral ou tumoral qui dégénère en une croissance anarchique. Cette phénoménologie (qui permit de découvrir les « oncogènes ») fut, on s'en doute, fort étudiée. À l'inverse, on n'avait, au début des années 1980, isolé aucun rétrovirus qui causât des déficiences du système immunitaire analogues à celles que le VIH-1 allait se révéler provoquer chez l'homme. Les deux premiers rétrovirus humains découverts, HTLV-1, en 1980, et HTLV-2, en 1982, induisaient des leucémies, c'est-à-dire des expansions incontrôlées de cellules circulantes du système immunitaire que l'on peut assimiler à des tumeurs liquides. Mais ils ne provoquent pas d'immunodéficience au sens strict. Au moment de la découverte du virus VIH-1, l'état des connaissances sur les infections rétrovirales de l'homme était donc très faible et aucun modèle animal n'avait permis de défricher la symptomatologie. En 1983, le VIH-1 fit une entrée en scène imprévue, sans que le décor scientifique ait été dressé.

*
**

Dès qu'elles acquirent la conviction que le VIH-1 était responsable du sida, les équipes française et américaine entreprirent de développer des tests qui permettent de dépister le virus. Comment fonctionnent ces tests ? Selon deux principes possibles. Les méthodes *directes* s'appliquent à doser soit le nombre de particules virales, soit le nombre de gènes viraux dans une prise de sang. Si l'on dispose d'un anticorps spécifique, on peut doser les particules virales, mais de façon peu sensible car, après la période aiguë de l'infection, caractérisée par une multiplication explosive du virus, le système immunitaire réduit partiellement l'infection et il ne reste qu'un petit nombre de particules en circulation. On sait aujourd'hui doser les gènes grâce à des techniques d'amplification hautement sensibles qui permettent de détecter quelques copies seulement du génome viral dans une prise de sang *. Malheureusement, ces techniques ne furent inventées qu'en 1985 et il fallut une dizaine d'années pour qu'elles donnent naissance à des tests de routine. En 1984, donc, il n'y avait pas d'autre voie que la très classique approche indirecte. Lorsqu'un individu est infecté par un virus, son système immunitaire réagit, le plus souvent, par une synthèse massive d'anticorps spécifiques du virus. Ceux-ci sont circulants – même si le virus ne l'est pas – et leur nombre peut être des millions de fois supérieur au nombre des particules virales qui ont déclenché leur synthèse. Cette amplification fait que la détection des anticorps spécifiques du virus est beaucoup plus sensible que la détection du virus lui-même. En pratique, on doit disposer de

* Il s'agit de la *polymerase chain reaction* ou PCR qui consiste à recopier spécifiquement le gène d'intérêt dans un mélange complexe à l'aide d'amorces spécifiques et d'une enzyme *ad hoc*. En répétant de nombreuses fois la réaction, on amplifie de façon exponentielle le nombre des gènes recopiés, de sorte que l'on peut repérer la présence initiale d'un seul gène (dans la pratique quelques-uns) dans l'échantillon.

particules ou de protéines virales purifiées et mesurer, à partir d'une prise de sang, les anticorps qui s'y lient.

Ces tests indirects, sensibles, automatisés, ont leurs limites. Il faut plusieurs jours au système immunitaire pour développer une réponse décelable. Pendant cette période, l'individu est infecté sans que des anticorps soient mesurables. En outre, des anticorps persistent pendant des années après que l'organisme s'est débarrassé de l'agent infectieux. Cette mémoire du système immunitaire est le fondement des protections de long terme produites par la vaccination. Un individu vacciné, non infecté, possède lui aussi, pendant des années, des anticorps spécifiques mesurables – ce qui permet d'ailleurs de juger de l'utilité d'une revaccination. Tant que ces anticorps sont détectables, l'individu est dit *séropositif* pour l'antigène ou l'agent infectieux qui ont déclenché la réponse immune. Hors vaccination, la séropositivité établit que l'individu a été en contact avec l'agent infectieux mais elle n'indique pas s'il en est, ou non, porteur. Pour la plupart des infections communes, la séropositivité est l'indication d'une infection préalable contrôlée, et donc d'une protection probable. Mais, pour certains agents infectieux qui s'installent de façon chronique dans l'organisme, la séropositivité a un tout autre sens : elle signale une infection qui perdure.

À titre de clarification, on peut mettre en parallèle les événements qui se produisent après l'infection par le virus influenza (virus de la grippe) et par le VIH. L'entrée des virus dans l'organisme se fait par des voies différentes, respiratoire pour l'un, sexuelle (ou sanguine) pour l'autre. Dans les deux cas, il s'ensuit une multiplication virale importante. Le virus influenza provoque des épisodes fiévreux dont le caractère cyclique est corrélé aux vagues d'amplification virale. Le système immunitaire y fait face de deux manières : par la synthèse d'anticorps spécifiques qui neutralisent les virus circulants et les dirigent vers des sites de destruction, et par la prolifération et l'activation de cellules tueuses spécifiques (les CTL) qui détruisent les cellules infectées. On admet communément que les anticorps sont essentiels pour bloquer la propagation d'une infection, tandis que les CTL contribuent à son éradication et au nettoyage final qui signe l'éventuelle victoire du système immunitaire. L'individu guéri reste séropositif pendant de nombreuses années. Il est protégé contre l'infection par la même souche virale mais non par des souches différentes. Le virus grippal est hautement variable et, d'une année sur l'autre, on observe l'émergence de variants capables d'échapper à l'immunité acquise lors de l'infection précédente *. L'infection par le VIH-1 se traduit aussi par une multiplication virale considérable : deux à trois semaines après l'infection, au pic de l'invasion virale, l'organisme contient des milliers de milliards de particules de virus. Sa multiplication dans des cellules du système immunitaire peut ne provoquer qu'une fatigue et une fièvre passagères qui, parfois, passent même inaperçues. Ici aussi, le système immunitaire réagit par la synthèse d'anticorps et l'activation de CTL qui contrôlent partiellement l'infection et réduisent largement la charge virale. Mais il ne parvient pas à éradiquer le virus dont une fraction est dissimulée dans des cellules du système immunitaire lui-même. En outre, le VIH-1 engendre dans l'organisme même un nombre considérable de mutants **. Certains échappent au système immunitaire mobilisé contre la version initiale du virus infectant. Des variants se développent donc successivement dans un système immunitaire rongé de l'intérieur et progressivement affaibli. Après des années de lutte obscure dont l'individu, dans la phase dite asymptomatique, ne ressent pas forcément les effets, le système immunitaire, épuisé, finit par

---

* C'est pourquoi les vaccins antigrippaux sont un mélange de trois souches de virus. Un observatoire mondial de la grippe repère l'émergence de variants et choisit chaque année un variant qui sera substitué à l'un des composants, les deux autres restant les mêmes. Le vaccin est donc recomposé chaque année et refabriqué selon un calendrier tendu.

** C'est lié au fait que sa transcriptase reverse est notoirement imprécise (*cf.* chapitre V).

perdre la partie. L'individu devient vulnérable à toutes sortes d'agents infectieux contre lesquels il ne parvient plus à se défendre. Cette émergence de variants est réminiscente de ce qui se produit lors de l'infection par *Plasmodium falciparum,* l'agent causal de la malaria, qui change d'enveloppe au hasard, échappant de façon cyclique au système immunitaire (d'où les accès récurrents de fièvre ou fièvre quarte). Ce sont deux exemples des nombreuses stratégies utilisées par les agents pathogènes pour tenir en échec le système immunitaire, dans une sorte de bras de fer évolutif où le succès sélectif des uns est acquis aux dépens des autres. Quoi qu'il en soit, la séropositivité, dans les infections chroniques, signale l'infection et donc la contagion possible, plutôt que la protection. On voit bien, rétrospectivement, que, si l'épidémie de sida avait débuté quinze ans plus tard, l'existence des techniques analytiques sensibles qui furent inventées pour doser directement les gènes viraux, aurait levé l'ambiguïté inhérente aux tests de détection indirects. On aurait alors trouvé que les individus séropositifs sont porteurs de virus. Et peut-être aurait-on évité certaines des erreurs d'interprétation dramatiques qui se produisirent dans les années 1983-1985.

Le développement de tests considérés comme suffisamment fiables et reproductibles prit environ un an. Lorsqu'ils furent disponibles, on put apprécier, grâce à la séropositivité, l'ampleur de l'épidémie en évaluant non plus le nombre des malades mais celui des individus qui avaient été exposés au virus. On découvrit que le virus était beaucoup plus largement disséminé que ce que l'on avait imaginé. L'épidémie, en fait, s'était déclarée avant 1981 ; à cause du temps de latence important qui précède l'apparition des symptômes et de la complexité de ces derniers, on ne l'avait pas repérée. On put retracer ses origines, très probablement africaines, et se livrer à l'analyse rétrospective de cas bien antérieurs à 1981. Mais surtout on comprit que l'épidémie n'avait pas été seulement propagée par les voies « naturelles », le sexe et la drogue, mais aussi par le système de santé parce que les produits du sang et le sang lui-même, utilisés en thérapeutique, étaient contaminants. Des hémophiles à qui on administrait des facteurs de coagulation et des transfusés qui recevaient du sang frais avaient été contaminés en grand nombre. De par le monde, des dizaines de milliers de personnes devaient mourir du sida à la suite d'actes médicaux que l'on avait crus bénéfiques. Au drame de l'épidémie s'ajouta celui des victimes d'actes thérapeutiques. Aucun pays industrialisé n'y échappa. L'épidémie de sida et le drame du sang contaminé devinrent alors les révélateurs tragiques de la qualité des politiques de santé publique et de leurs capacités de réaction en période de crise.

Le drame

La France détient un triste record. En 1993, on estimait à plus de mille deux cents le nombre de cas de sida post-transfusionnels, plus de la moitié de tous les cas européens. En 1989, selon la Fédération mondiale des hémophiles, un nombre à peu près équivalent d'hémophiles majeurs était, en France, contaminé par le virus. L'analyse rétrospective des erreurs commises dans la gestion de l'épidémie naissante et notamment dans l'administration de produits sanguins contaminants fournit aujourd'hui une image assez claire de ce qui se produisit, en France, de 1983 à 1985, ainsi que dans d'autres pays [2].

Il existait, à l'époque, en France, cent soixante-quatre centres de transfusion sanguine (CTS), employant près de dix mille personnes. Plus de deux millions de donneurs fournissaient trois à quatre millions de prélèvements annuels, destinés à plus de cinq cent mille receveurs. Les CTS fournissaient deux types de produits : le sang frais pour la transfusion et les produits extraits du sang, principalement le facteur VIII, destinés aux quelque trois mille hémophiles que l'on dénombrait alors. Le facteur VIII était initialement préparé sous forme de cryoprécipité à partir du sang d'un seul donneur. Au début des années 1980, fut introduit un autre mode de production qui fournissait des concentrés préparés à partir de mélanges de plusieurs milliers de dons. Alors que les cryoprécipités avaient une action strictement curative, les concentrés pouvaient être utilisés de façon préventive : quelques injections par mois protégeaient les hémophiles contre les accidents et leur permettaient de mener une existence plus proche de la normale. La demande sur les concentrés se fit donc rapidement très forte.

Pour comprendre la structure du système transfusionnel français, un bref rappel est nécessaire. Ce fut pendant les guerres de 1914 puis surtout de 1940 que la transfusion fit la preuve de son efficacité. En 1936, pendant la guerre d'Espagne, on commença à exploiter la possibilité, nouvellement découverte, de conserver le sang. Cela permit, en France, pendant la Seconde Guerre mondiale, d'élargir considérablement le champ de la collecte. Les donneurs, par solidarité, se devaient d'être bénévoles. Le principe de non-rémunération des donneurs fut consacré après la guerre et trouva sa traduction dans le statut juridique des centres de transfusion, établissements publics pour environ 40 % d'entre eux, les autres étant des associations régies par la loi de 1901. La transfusion sauva un grand nombre de vies et devint un instrument essentiel de la médecine et de la chirurgie. Elle connut même une sorte d'engouement vers la fin des années 1970 et le début des années 1980, où l'on transfusait couramment par « confort », au cours des accouchements par exemple. Ainsi, dans les années 1980-1985, se produisit en France une surconsommation du sang (par la transfusion) et des produits du sang (en raison de l'arrivée des concentrés pour les hémophiles). Sans doute les prescripteurs perdirent-ils une certaine conscience des risques dans un contexte idéologique complexe où le don du sang, acte généreux et preuve de solidarité sociale, ne pouvait être mauvais et où la consommation du sang et de ses produits avait une connotation positive. L'action conjuguée d'une offre et d'une demande accrues eut pour effet d'accroître les risques au moment même où l'épidémie de VIH-1 se déclarait.

Le risque principal de la transfusion était – et reste – d'ordre immunologique (un accident sur douze mille transfusions environ). Les risques infectieux sont principalement viraux, bien que la transmission de la syphilis et de la malaria soit observée, mais de façon exceptionnelle. L'hépatite B constitua longtemps le risque viral considéré comme majeur. Le dépistage fut introduit dans les années 1970 et, dans certains pays, on commença à questionner les donneurs afin d'exclure les sujets à risque de la collecte. On considère aujourd'hui que le risque de transmission du virus HBV par transfusion est de l'ordre de 1 sur un million (la prévalence en France est d'environ 0,2 %, soit cent mille personnes infectées, ce qui justifie les mesures de vaccination systématique). L'hépatite A n'est pas transmise par voie sanguine (mais surtout par voie alimentaire). En revanche, dès les années 1980, on connaissait l'existence d'hépatites non-A/non-B, transmissibles par transfusion, liées, on le sait aujourd'hui, à plusieurs virus. Le plus important est le VHC qui provoque l'hépatite C et qui, identifié depuis 1989, pose un problème de santé publique considérable. En 1997, sept cent mille personnes en France seraient infectées, dont une fraction importante, 10 % à 20 % peut-être, l'ont été par voie transfusionnelle, avant que des tests de dépistage aient été introduits en 1990 et 1991 *. Dans la mortalité post-transfusionnelle, l'hépatite C pèse globalement plus lourd (10 et peut-être 20 ou 50 fois plus) que le sida.

L'incidence du VIH-1 parmi les donneurs de sang en France s'élevait, en 1985, à 0,6 %, soit un donneur séropositif sur mille six cents. Parce que toutes les transfusions contaminées ne sont pas contaminantes, on peut estimer,

* En 1982, 6 % des transfusés voyaient leur taux de transaminase augmenté, en raison, probablement, d'infections par le virus de l'hépatite C. Les conséquences de l'infection et de ses complications ont été décrites dans le chapitre V.

très approximativement, que le risque transfusionnel devrait être, en 1985, aux alentours de cinq sur dix mille. Le 31 mars 1993, la France totalisait 1 182 cas de sida post-transfusionnel, contre 871 dans tout le reste de l'Europe dont 68 seulement en Grande-Bretagne. À l'heure actuelle, le risque transfusionnel lié à la transmission du VIH-1 est très faible, mais il n'est pas nul. Le nombre de donneurs détectés comme séropositifs lors de la collecte a considérablement diminué (bien qu'il soit encore supérieur à la moyenne européenne) mais il existe une période « blanche » pendant laquelle un individu infecté n'a pas produit d'anticorps détectables, de sorte que son sang peut échapper au crible des tests. D'autres agents infectieux, connus ou hypothétiques, ajoutent encore au risque transfusionnel. On pense aux virus responsables d'hépatites non-A, non-B, non-C, aux prions, mais aussi à des virus qui pourraient résider à l'état latent dans des cellules du donneur, ou à des virus non encore identifiés.

Il est d'autant plus difficile de se prémunir contre les risques de la transfusion avec du sang « naturel * » qu'il n'existe pas de moyen général d'inactiver des virus dans le sang sans détruire les propriétés de ce dernier. En revanche, il existe des techniques qui permettent d'inactiver efficacement certains virus (VHB, VHC et VIH-1 notamment) dans les produits d'extraction comme les concentrés de facteur VIII, sans altérer leur qualité. La technique de chauffage, capable d'inactiver le virus VIH-1, fut mise en place progressivement dans la plupart des pays, à partir de fin 1984. Mais il fallait du temps pour modifier les productions de façon que le nouveau procédé soit pleinement opérationnel. C'est donc en 1985 (octobre 1985 en France) qu'il sera véritablement généralisé. Le taux de contamination des hémophiles en France (45 % environ) se situe – contrairement à la contamination post-transfusionnelle – dans la moyenne

* Par opposition à du sang « artificiel » qui pourrait, dans certains cas, le remplacer.

des pays européens et est moindre qu'aux États-Unis. Cela correspond probablement à l'utilisation généralisée des tests de dépistage efficaces et du procédé de chauffage dès que les décisions furent prises.

⁂

En ce qui concerne la transfusion de sang frais, les chiffres, on l'a vu, sont, en France, accablants. S'agissant des hémophiles, et sans que cela diminue l'ampleur du drame, la France se situe dans une sorte de moyenne. Pourquoi les systèmes de santé, dans la plupart des pays, ont-ils été pris de court, à des degrés divers, certes, mais sans qu'aucun n'échappe totalement au drame * ? Que s'est-il produit de spécifique en France ?

On voit bien aujourd'hui quels sont les cinq piliers d'une politique de prévention efficace [3]. 1) On doit, avant tout, disposer d'un observatoire pour le suivi épidémiologique. 2) Il faut ensuite effectuer la sélection *clinique* des donneurs afin d'écarter les donneurs à risque, soit par le questionnement, soit par autosélection. 3) Les tests de dépistage permettent en outre d'effectuer une sélection *biologique* sur des donneurs présélectionnés cliniquement. 4) Si possible, il faut détruire les principes pathogènes. 5) Enfin, il convient de limiter les prescriptions. Entre 1981 et 1985, avant que les tests de dépistage ne soient exploitables à grande échelle et que la technique du chauffage (inutilisable sur le sang frais) soit appliquée à la préparation de concentrés, la sélection clinique des donneurs et la limitation des prescriptions étaient capitales. Ce sont ces deux facteurs qui ont créé de grandes différences dans la propagation de l'épidémie, comme l'ont bien montré

* On cite souvent le cas de la Belgique où le taux de contamination des hémophiles était de 7,5 % en 1989. Ce taux n'est pas nul. Il est faible parce que la Belgique n'avait pas introduit la pratique des concentrés en raison, peut-être, d'une prise de conscience plus aiguë qu'ailleurs, chez les hémophiles, des risques associés aux produits du sang.

plusieurs études comparatives et particulièrement celle de M. Setbon [4] qui a analysé en parallèle les comportements et les décisions prises en France, en Grande-Bretagne et en Suède. La sélection clinique des donneurs a été effectuée en Grande-Bretagne et en Suède dès 1983 mais, en France, pas avant 1985. En France, pourtant, une circulaire du 20 juin 1983, signée par le directeur général de la Santé et adressée à tous les centres de transfusion, recommandait le dépistage clinique chez tous les donneurs. Cette circulaire ne fut pas mise en œuvre par la plupart des responsables de la collecte et des transfuseurs. Une circulaire du 16 janvier 1985 leur rappela que leur responsabilité était engagée. Mais le mal était fait. La majorité des contaminations transfusionnelles eut lieu entre 1983 et 1985. La résistance du milieu transfusionnel est attestée par le fait que la circulaire de 1983 entraîna même des protestations de transfuseurs qui estimaient que l'État n'avait pas à leur dicter une conduite ; et celui, encore plus surprenant, qu'après 1985 des collectes dans des lieux à haut risque, particulièrement les prisons, se poursuivirent pendant près de deux ans.

Dans le même temps, les centres de transfusion producteurs de facteurs sanguins, et notamment le CNTS, entreprirent de se rendre autosuffisants pour les concentrés qui, depuis 1983, étaient importés, surtout des États-Unis. Les concentrés étaient préparés à partir des sangs mélangés de centaines ou de milliers de donneurs. Leur préparation sans chauffage, à partir de donneurs non questionnés, et qui renfermaient une proportion croissante de séropositifs, conduisit à produire un nombre croissant de lots de concentrés contaminés (un seul donneur séropositif peut contaminer le mélange). Lorsqu'en novembre 1984 des données convaincantes montrèrent que le procédé de chauffage était fiable, ne dénaturait pas le facteur VIII et ne diminuait pas ses propriétés curatives et prophylactiques, les centres réagirent après un temps de latence de quelques mois, par l'arrêt de la production de concentrés non chauffés (entre février et mai 1985 à Lyon puis Lille et Paris) et la mise en place, au niveau industriel, du procédé de chauffage qui prendra plusieurs mois ; le chauffage ne sera opérationnel qu'en octobre 1985. Fin mai 1985, les transfuseurs, enfin convaincus du danger, firent appel au ministère de la Santé qui, le 23 juillet 1985, fixa le tarif auquel les produits chauffés seraient remboursés dès le 1er août, tout en décidant que les produits non chauffés ne seraient plus remboursés à compter du 1er octobre. Cette décision revenait à légitimer l'écoulement des stocks de concentrés non chauffés, réputés dangereux, mais la politique affichée était de les administrer uniquement à des receveurs déjà séropositifs, l'idée étant qu'une contamination supplémentaire n'aggraverait pas l'état d'un individu déjà infecté. Des considérations économiques que l'on peut juger sordides et la crainte d'une rupture de stock face à la demande pressante des hémophiles expliquent sans doute cette décision *.

On se souvient qu'à l'époque, l'attitude générale des prescripteurs et, pour ce qui est des concentrés, des hémophiles utilisateurs et de leurs médecins poussait à la consommation. Tous les éléments se conjuguèrent donc pour amplifier un désastre dont la cause factuelle première remonte à la non-application de la directive du 20 juin 1983. L'attention portée aux victimes du système de transfusion fait parfois oublier que l'épidémie galopait et faisait des ravages chez les homosexuels et les drogués. La décision fut prise en 1987 de fournir gratuitement des seringues aux drogués. Selon certaines estimations, si elle avait été mise en œuvre dès 1985, plus de dix mille contaminations par le VIH-1 auraient pu être évitées.

---

* Cette question est au centre d'une des actions de justice touchant au drame du sang contaminé. Un point de vue critique est présenté dans l'ouvrage très bien documenté d'Anne-Marie Casteret, *L'Affaire du sang*, Paris, La Découverte, 1992. Ce livre, engagé, a joué un rôle important dans l'éveil de la conscience publique.

La mise en place du test de dépistage

Lorsqu'on eut pris la mesure du drame, on chercha à en analyser les causes. On entreprit de réformer les systèmes de transfusion. La recherche de responsables aboutit, en France, à plusieurs condamnations. Elle conduisit aussi à traduire, devant la plus haute juridiction de l'État, le Premier Ministre de l'époque et deux de ses ministres à propos de deux « affaires » liées au drame du sang contaminé : d'une part, la distribution de produits hémophiliques non chauffés et les questions liées à la transfusion et, d'autre part, les retards dans la mise en place du test de dépistage. Parce que ce dernier aspect fut déterminant dans la mise en accusation la plus symbolique, celle du Premier Ministre, j'ai choisi ici d'en privilégier l'analyse.

Les tests de dépistage, mis au point dans les laboratoires de recherche, en France et aux États-Unis, devaient ensuite être développés par deux firmes industrielles, Diagnostic-Pasteur et Abbott. Des intérêts commerciaux significatifs étaient en jeu. Des deux côtés de l'Atlantique, des brevets avaient été déposés. La mise au point fut plus rapide aux États-Unis qu'en France. Le laboratoire de R. Gallo fut, en effet, plus prompt à établir une lignée cellulaire qui fournit une source abondante et régulière de virus, condition *sine qua non* pour un développement ultérieur. C'est ainsi que la firme Abbott déposa un dossier d'enregistrement auprès des autorités américaines fin 1984 et auprès des autorités françaises le 11 février 1985. Diagnostic-Pasteur fit une demande d'enregistrement le 28 février 1985. Le test Abbott fut enregistré aux États-Unis le 3 mars 1985. Le dossier Abbott, en France, fut d'abord jugé incomplet. En mars, pourtant, il était jugé acceptable mais ne fut agréé que le 24 juillet 1985 alors que celui de Diagnostic-Pasteur avait été enregistré le 21 juin 1985. Divers documents suggèrent que le test de Diagnostic-Pasteur avait quelque retard et que des démarches avaient été effectuées auprès du ministère de la Santé afin que les intérêts de Diagnostic-Pasteur soient préservés.

Le retard d'enregistrement du test Abbott a été qualifié par certains de deuxième scandale du sang contaminé – le premier concernant la transfusion. Avant d'en juger, il est bon de prendre la mesure de la complexité de la situation. Les performances respectives des tests avaient pu être appréciées parce que, pendant leur mise au point, ils avaient été mis à la disposition d'un certain nombre de praticiens. Les premiers tests étaient très imparfaits. Le test Abbott de première génération fournissait un nombre assez élevé de faux positifs et quelques faux négatifs *. Certains sangs contaminés échappaient donc au dépistage alors que d'autres, qui ne l'étaient pas, apparaissaient comme positifs. Ce dernier point préoccupait beaucoup les médecins qui s'interrogeaient sur l'information à donner à des individus trouvés séropositifs et qui n'auraient pas demandé le test, surtout s'il existait la moindre chance que le résultat soit faux. Ce fut d'ailleurs l'argument utilisé en Grande-Bretagne pour refuser l'agrément à Abbott **. Le Comité consultatif national d'éthique fut saisi de ces questions début 1985 et rendit officiellement son avis le 13 mai 1985. Il concluait, entre autres, qu'en raison des faux séropositifs, il faudrait « vérifier les résultats par des techniques sophistiquées qui

---

* Le test de Diagnostic-Pasteur, disponible un peu plus tardivement, fit l'objet de comparaisons avantageuses. La *Revue française de transfusion et d'immuno-hématologie*, dans sa livraison du 5 juillet 1985 (vol. 23, n° 4), publie des résultats indiquant 3,5 % de faux positifs pour le test Abbott et 0 % pour le test Diagnostic-Pasteur. Une étude ultérieure rendue publique en 1986 par le Dr P Saah montra que ce dernier fournissait moins de faux négatifs que le test Abbott (*cf. New York Times*, 8 juillet 1986). Abbott ne tarda pas à produire un test de deuxième génération.

** Le *Financial Time* du 31 juillet 1985 : « Quoique des kits commerciaux pour les anticorps antisida soient disponibles auprès des fabricants américains depuis le début de l'année, le Département britannique de la Santé et de la Sécurité sociale a refusé de les introduire en Grande-Bretagne en se fondant sur le fait qu'ils produisaient trop de faux positifs. » C'est le test produit par la firme britannique Wellcome qui sera introduit en octobre 1985.

sont encore du domaine de rares laboratoires ». Dans la pratique, on régla ce problème en effectuant deux tests indépendants qui devaient, tous deux, donner un résultat positif.

Au-delà du problème de la qualité des tests, la mise en place d'un dépistage systématique des donneurs de sang était loin, en France, de faire l'unanimité. La séropositivité, début 1985, était comprise autant et plus comme l'indication d'une appartenance à des sphères marginales (les homosexuels et les drogués) que comme un risque mortel. Des associations d'homosexuels s'inquiétèrent ouvertement d'une possible discrimination. On craignit aussi que la généralisation du test de dépistage ne provoque un afflux de donneurs à risque qui viendraient se faire tester, augmentant ainsi, indirectement, les risques de la collecte. Enfin, certains jugeaient indispensable que la question du remboursement des tests soit réglée. La cinquantaine de centres de transfusion qui avaient le statut d'association de 1901 avaient probablement des ressources financières et une souplesse suffisantes pour mettre en place les tests sans que le remboursement (sans doute bienvenu) constitue un préalable nécessaire. Mais ce n'était, semble-t-il, pas le cas pour les deux tiers des centres qui dépendaient des collectivités publiques. On ajoutera que, depuis la fin 1983, le ton était monté entre les équipes française et américaine qui se disputaient la priorité de la découverte du virus. La médiatisation aidant, on en vint à des attitudes nationalistes, voire chauvines, dont on peut imaginer qu'elles ont pesé sur certains décideurs *. Enfin, il faut prendre acte du fait que la protection des intérêts nationaux entre dans les missions des administrations, même si, bien entendu, elle doit être seconde par rapport à la santé publique.

Début mai 1985, le dossier Abbott n'avait toujours pas reçu l'agrément du ministère de la Santé. Le 9 mai 1985, le

* Encore ignorait-on à l'époque que le brevet américain sur le test de dépistage serait délivré le 28 mai 1985 aux États-Unis, bloquant potentiellement la distribution du test français.

conseiller scientifique du Premier Ministre organisa à Matignon une réunion dont le compte rendu est éclairant * : le représentant du ministère de la Santé exprime l'avis que « les cas de sida post-transfusionnels sont somme toute assez rares » et que « la généralisation du test n'aura aucun effet de freinage sur la maladie puisque seulement quelques cas seront évités ». Le représentant du ministère de Finances fait valoir que la mise en œuvre du test coûterait environ deux cents millions de francs par an. Le représentant du ministère de l'Industrie s'inquiète pour sa part de la protection de l'industrie française. Le conseiller du Premier Ministre, qui présidait la réunion, fait la synthèse de ces points de vue, tous négatifs vis-à-vis du dépistage systématique, et conclut néanmoins à l'urgence. Le dossier sera instruit avec diligence à Matignon. Cinq semaines plus tard, en effet, le 24 juin 1985, le Premier Ministre annoncera la mise en œuvre du test obligatoire et son remboursement à compter du 1er août 1985. Beaucoup s'accordent à penser que ce dossier complexe a été réglé efficacement et rapidement par le Premier Ministre et ses services.

Il n'en demeure pas moins que le dossier Abbott fut, dans les faits, retenu plusieurs mois. On ne saurait affirmer que cela est bien. Mais y a-t-il scandale et pourquoi ? Dans la mise en place du test de dépistage, la France se situe, en Europe, dans l'honnête moyenne. Beaucoup d'autres pays ont instauré le test plus tardivement. En outre, le test arrivait beaucoup trop tard pour avoir un impact réel sur la qualité des concentrés qui dépendait du procédé de chauffage. Quant aux contaminations transfusionnelles, la plupart avaient déjà eu lieu et la mise en place de la sélection clinique des donneurs fournissait un premier écran protecteur. Le cas de la Grande-Bretagne est, de ce point de vue,

---

* Ce compte rendu est annexé au rapport de l'IGAS, rédigé par Michel Lucas (dit « rapport Lucas ») et publié fin 1991. Il donnera lieu à un malentendu que l'auteur du rapport explicitera lors de son audition sous serment devant la commission d'enquête de l'Assemblée nationale (*cf.* note p. 161).

éclairant : l'agrément du test Abbott fut refusé et le test de dépistage fut mis en place le 1er octobre 1985, plus tardivement qu'en France. En dépit de quoi, et surtout grâce au questionnement des donneurs, la contamination transfusionnelle en Grande-Bretagne a été maintenue à un niveau bas (dix-sept fois moins de contaminations qu'en France). Certains font valoir, en outre, que l'enregistrement du test Abbott sans procédure de remboursement aurait eu des effets limités, voire indésirables : il n'est pas avéré qu'Abbott avait la capacité de fournir l'ensemble du marché français ; seuls certains centres de transfusion l'auraient utilisé et l'on eût créé une inégalité de traitement contraire à une certaine tradition nationale *. L'effet le plus immédiat du test de dépistage enfin mis en place aura été de confirmer à la communauté médicale française l'ampleur de la catastrophe et de lui révéler à quel point ses pratiques et son organisation étaient désastreuses.

On ne peut toutefois en rester là. Même si les services du Premier Ministre ont résolu efficacement un problème compliqué, même si les lenteurs du ministère de la Santé révèlent, peut-être, l'existence de jeux d'influence, tout indique qu'à presque tous les niveaux la perception de l'urgence sanitaire était hors de proportion avec la réalité. Sinon, l'urgence eût transcendé les autres considérations, budgétaires ou protectionnistes des intérêts industriels nationaux, préoccupations assez légitimes, tant que des vies ne sont pas en jeu. Cela renvoie à la question : qui savait quoi en 1983-1985 ? On s'est beaucoup interrogé sur ce point. La réponse n'est pas simple. Il importe, pour commencer, de souligner que plusieurs lignes de connaissance alimentaient des milieux différents qui communiquaient peu entre eux.

---

* On se souvient peut-être que lors de l'arrivée des premiers scanners en provenance de États-Unis, les cliniques privées se virent tout d'abord refuser l'autorisation d'importer, sous l'argument que, tant que des hôpitaux publics ne pouvaient en acquérir, on créait une inégalité devant la santé.

La recherche sur le virus et ses liens de causalité avec le sida a progressé depuis 1983 dans une sphère scientifique où, comme je l'ai expliqué plus haut, les spécialistes des rétrovirus constituaient une microcommunauté peu nombreuse, imprégnée de connaissances acquises sur des rétrovirus de poulet et de souris qui les désignaient principalement comme agents responsables de tumeurs. Les connaissances immunologiques étaient maigres, et la notion d'immunodéficience provoquée par le virus à peu près absente des schémas conceptuels. De plus, même lorsque la preuve fut faite que le virus VIH-1 était associé au sida, il n'était pas établi qu'il en soit le seul responsable. L'infection par le VIH-1 pouvait être nécessaire mais non suffisante pour l'émergence de la maladie. La fréquence des maladies opportunistes associées entretint longuement la théorie du cofacteur dont Luc Montagnier fut l'un des promoteurs *. Si, en outre, le sens de la séropositivité comme révélateur d'une infection chronique était relativement clair pour les peu nombreux rétrovirologistes de l'époque, il n'en allait pas de même pour beaucoup d'autres : en vaccinologie conventionnelle, séropositivité était tenue pour synonyme de protection, parce que étant la signature de la vaccination. Pour un grand nombre de maladies infectieuses, la séropositivité est la trace d'une infection maîtrisée par l'organisme qui constitue, souvent, l'équivalent d'une vaccination délibérée. Le doute sur la signification de la séropositivité persistait largement en 1985 **.

---

* Il proposa notamment que la co-infection par certains types de mycoplasmes était impliquée dans l'émergence de la maladie.

** Les témoignages sur ce point abondent. Par exemple, dans un éditorial publié le 6 juillet 1985 dans *La Presse médicale* et cosigné par les Drs Gluckman, Klatzman et Montagnier, on peut lire : « Une fois écartée l'éventualité d'une réaction faussement positive par un contrôle adéquat à l'aide d'une deuxième technique de confirmation, la signification réelle de la séropositivité antiLAV, chez un individu apparemment bien portant, est inconnue actuellement. Nul ne sait parmi ces sujets lesquels sont protégés ou bien susceptibles de développer ultérieurement la maladie, ni même lesquels de ces porteurs " sains " peuvent être à l'origine de la transmission du virus. » Voir aussi la note suivante.

Les connaissances épidémiologiques, quant à elles, permettaient de conclure, dès 1983, qu'en toute probabilité le sang était contaminant, et que la transfusion et les facteurs sanguins présentaient un risque. C'est, bien entendu, ce qui motiva, en France, la circulaire du 20 juin 1983, sur le questionnement des donneurs et la mise en place dans d'autres pays de systèmes efficaces pour écarter de la collecte les donneurs à risque. Le désastre français provient d'une sorte de faillite du système transfusionnel qui, entre 1983 et 1985, a été incapable d'intégrer le risque sida dans ses pratiques. Beaucoup d'analyses ont été faites à ce sujet pour fonder une réforme efficace du système transfusionnel. Certains ont relevé, au-delà des problèmes structurels (tels que la dispersion des centres : à l'époque, cent soixante-quatre en France, vingt en Grande-Bretagne), des problèmes profondément culturels dont on peut se demander s'ils sont, en tant que tels, si faciles à corriger. Les responsables étaient-ils véritablement informés de données épidémiologiques pourtant publiées dans leur champ de compétences propres ? Étaient-ils trop occupés pour lire et s'informer ? Ou l'information a-t-elle été occultée et minimisée ? S'est-elle simplement perdue ? On avait, à l'époque, une conscience aiguë du problème de l'hépatite B. A-t-elle contribué à minimiser le risque du sida alors qu'à l'inverse elle aurait dû contribuer à le révéler * ? Certains ont avancé

* Devant la commission d'enquête de l'Assemblée nationale (*cf.* note 1), ces questions ont été longuement débattues. Par exemple, le Dr J.-P. Brunet : « En France, le risque infectieux lié aux transfusions était totalement nié. Les transfuseurs n'y ont pas été sensibles avant 1985, et même après. Ce risque aurait pourtant dû être pris en considération, puisque les centres de transfusion pratiquaient déjà le dépistage de l'antigène de l'hépatite B. Ils auraient donc dû se rendre compte que le sang qu'ils collectaient dans les établissements pénitentiaires était nettement plus infecté que celui collecté dans la population générale. »

Le Pr J. Bernard (alors président du Comité national d'éthique) : « Entre 1984 et 1986, on est passé progressivement de la notion de séropositivité, signifiant protection et défense, à celle signifiant que le porteur du virus n'a aucune protection. C'est, je le répète, une notion neuve en médecine, qui remet en cause les conceptions pasteuriennes, car, jusqu'à

un affaiblissement du sens clinique chez des hommes de l'art trop impressionnés par la scientisation de la médecine et les progrès de la biologie pour faire encore une large place au savoir-faire clinique, fondé sur le rapport interactif avec l'autre. D'autres ont relevé, dans l'excès des prescriptions, une attitude médicale où l'abondance devient synonyme de qualité, un manque de réflexion critique par rapport à l'acte, devenu trop automatique, de recommander une transfusion de confort ou l'administration de concentrés à des hémophiles. Que dire enfin d'un système administratif qui fit, initialement, les bons choix mais ne sut pas les faire respecter ? L'État était-il si proche et dépendant des transfuseurs qu'il était, dans les faits, soumis à ceux qu'il devait contrôler ?

Au travers de ces questions, il faut insister sur les problèmes liés à la *circulation de l'information*. Nous pouvons créditer l'immense majorité des intervenants de l'honnêteté fondamentale qui fait que, s'ils avaient su, ils auraient agi plus vite ou différemment. Puisqu'ils ne l'ont pas fait, c'est qu'ils ne savaient pas. Mais comment pouvaient-ils ne pas savoir puisque les données épidémiologiques avaient été publiées ? Ici intervient ce phénomène fondamental que, dans des sociétés saturées d'information, chaque information, dans la réalité, a du mal à circuler. Plus exactement, une information ne circule convenablement que si un processus de qualification actif l'a extraite de la cohorte anonyme des informations ordinaires. Cela prend généralement

---

l'apparition de cette maladie, la présence d'anticorps signifiait que l'on était protégé. [...] Mon deuxième souvenir date du temps où j'étais président du conseil d'administration du Centre national de transfusion sanguine, fonction que l'éminent pédiatre Robert Debré avait exercée jusqu'à quatre-vingt-seize ans, ce qui montre que ce n'est pas une fonction très lourde. Il m'avait personnellement demandé de lui succéder. J'ai donc assuré cette présidence de 1978 à 1984. [...] Durant l'année 1984, je n'ai pas souvenir que des problèmes concernant la transmission du virus du sida aient été évoqués au cours des deux ou trois réunions annuelles du conseil d'administration. [...] Nous connaissions la gravité de l'hépatite mais pas celle du sida. »

du temps. À moins que les médias ne s'en emparent et la hissent au sommet de l'actualité, une information ne se propage ni de façon instantanée ni de façon passive. Elle demande à être discutée, reconnue comme digne de confiance, tenue pour importante, assimilée et portée par un nombre croissant d'intervenants. Peut-être est-ce l'une des raisons pour lesquelles la circulaire de 1983, qui demandait que l'on questionnât les donneurs, exacte dans son principe, s'avéra inefficace dans les faits. L'information qui rendait la circulaire « acceptable » n'avait pas suffisamment diffusé dans les milieux pourtant concernés.

Le traitement juridique du drame du sang contaminé

La première plainte déposée, à titre individuel, par un hémophile contaminé remonte à 1987 et fut classée sans suite. Mais, peu à peu, et notamment du fait de l'action d'associations d'hémophiles, l'appel aux tribunaux deviendra massif. Il provoquera plus de mille décisions de justice, sera à l'origine de la loi d'indemnisation de 1991 et suscitera, du fait de la mise en cause de trois ministres, une réforme de la Constitution qui transformera la Haute Cour de justice en Cour de la République. Ce fut, en France, l'une des premières fois que la justice fut confrontée au problème de la détermination des responsabilités dans des situations comportant un risque technologique. Parce que les centres de transfusion avaient, pour certains, un statut d'établissement public, les autres étant des associations 1901, deux séries de procédures furent suivies en parallèle devant les juridictions administratives et les juridictions civiles. La diversité des jugements initialement rendus fut finalement harmonisée par des arrêts du Conseil d'État (en avril 1993) pour les procédures administratives et de la Cour de cassation (en avril 1995) pour les procédures civiles. Le Conseil et la Cour marchèrent l'amble. Leurs avis furent cohérents et fondent une jurisprudence qui jouera probablement un rôle important dans la gestion future des risques technologiques.

Le souci d'indemniser les victimes fut apparemment dominant. On notera que ce ne fut pas le cas dans d'autres pays. Aux États-Unis, la plupart des plaignants furent déboutés parce que les produits étaient conformes à la réglementation. En France, la volonté d'indemniser les victimes finit par se traduire par la mise en place d'un fonds d'indemnisation grâce à une loi votée par le Parlement en 1991 *. Sans chercher à résumer ici la complexité des approches juridiques **, je relèverai quelques traits saillants.

Les juridictions durent, d'abord, faire la part entre l'acte médical, qui comporte une obligation de moyens (le médecin doit mettre des moyens appropriés à la disposition du patient ; c'est à ce dernier qu'il appartient d'apporter la preuve qu'il ne l'a pas fait) ***, et le contrat de fourniture, qui est caractérisé par la fourniture d'un produit, avec obligation de résultat. Alors que les concentrés contenant des facteurs de coagulation émargent clairement à cette dernière catégorie, les transfusions de sang frais furent d'abord considérées comme un acte médical. Le Conseil d'État et la Cour de cassation finirent par décider de les traiter comme une fourniture de produits, ce qui permettait de rendre homogènes les indemnisations versées aux hémophiles et aux transfusés. L'obligation de résultats incluse dans le contrat de fourniture concentre les responsabilités sur le

---

* Les députés votèrent la création de ce fonds comme un acte de solidarité envers les victimes, mais récusèrent, à l'époque, la responsabilité de l'État.

** On trouvera une analyse très détaillée des aspects juridiques du drame du sang contaminé dans M.-A. Hermitte, *Le Sang et le Droit*, Paris, Seuil, 1996. L'ouvrage de Didier Tabuteau, *La Sécurité sanitaire*, Paris, Berger-Levrault, 1994, comporte une documentation détaillée, notamment sur les aspects administratifs du drame du sang contaminé et sur l'indemnisation des risques médicaux.

*** La jurisprudence, sur ce point, tend à évoluer pour renverser la charge de la preuve, les juges ayant constaté que les patients étaient souvent dans l'impossibilité de réunir les éléments nécessaires au dépôt d'une plainte dûment motivée.

producteur, selon le principe qui consiste à affecter le risque à celui qui le crée. La vertu de cette approche juridique est de fournir aux victimes un responsable systématiquement identifié et capable de les indemniser, charge à lui de se retourner contre des tiers *. L'arrêt de la Cour de cassation du 12 avril 1995 a poussé cette logique à l'extrême puisqu'elle a admis que le fabricant, au moins pour des produits dangereux, est tenu de réparer le dommage, même si le vice était indécelable, c'est-à-dire in-connaissable au moment de la fourniture du produit. Il appartient donc au producteur de se prémunir et de se provisionner, même contre des risques dont il ne peut avoir connaissance, quitte à en répercuter la charge dans le coût du produit. Le même arrêt réaffirme clairement le *principe de précaution*, dont nous discuterons dans le chapitre VIII les difficultés d'application.

Le Conseil d'État, dans son arrêt du 9 avril 1993, reconnut que l'État était en faute et data la faute pour une période s'étendant entre le 22 novembre 1984, date qui prend en compte la publication des résultats sur le chauffage des concentrés au congrès d'Atlanta, et le 20 octobre 1985, date à laquelle les concentrés furent effectivement chauffés. Le Centre national de transfusion sanguine était au cœur du problème du chauffage des concentrés. Les Drs Garretta et Allain furent condamnés par les juridictions civiles non parce qu'ils étaient jugés responsables d'une ou plusieurs morts, mais pour avoir trompé les acheteurs de produits antihémophiliques sur les risques inhérents aux produits vendus entre le 21 mars et le 1er octobre 1985. Pour ce qui est du ministère de la Santé, les Drs Roux et Netter furent condamnés pour n'avoir pas, dans le même laps de temps,

* L'une des premières expressions fortes de ce principe fut l'indemnisation des victimes du talc Morange qui causa la mort d'une trentaine de nouveau-nés au début des années 1970. Un sous-traitant avait mélangé, par erreur, de l'hexachlorophène à la préparation du talc. Il fut condamné et fit faillite. La firme Morange fut condamnée et fit faillite. Le ministère public se retourna alors contre le fabricant d'hexachlorophène, arguant du fait que ce dernier n'avait pas suffisamment indiqué les dangers de ce produit. Il fut condamné et indemnisa les victimes.

utilisé la totalité des moyens qui étaient en leur pouvoir pour s'opposer à la distribution de produits contaminés.

Plusieurs membres des cabinets du Premier Ministre, du ministre de la Solidarité et des Affaires sociales et du secrétaire d'État à la Santé, poursuivis dans une deuxième procédure, furent aussi mis en examen. Un climat d'agitation médiatique aiguë se développa en 1992. Le détonateur fut probablement la publication, en septembre 1991, du rapport réalisé par l'Inspection générale des affaires sociales (IGAS) ou rapport Lucas, dans lequel figurait le compte rendu de la réunion interministérielle tenue le 9 mai 1985 à Matignon. Sa lecture au premier degré pouvait laisser croire qu'à Matignon des arguments économiques, et la protection d'intérêts industriels français, avaient prévalu sur les préoccupations de santé publique – alors qu'il s'agissait de l'amorce du processus de résolution d'un problème inter-ministériel complexe, comme le reconnut, plus tard, l'auteur du rapport *. La suspicion larvée de l'opinion publique à l'égard de la responsabilité des politiques se fit explicite. Le président

---

* Devant la commission d'enquête de l'Assemblée nationale, M. Lucas expliquera : « Je supposais que le cabinet du secrétariat d'État chargé de la Santé était décidé à aller vite mais que, tant que le montage financier du dépistage n'était pas réglé, il y avait peut-être une certaine attente au niveau du cabinet du ministre de la Solidarité et des Affaires sociales. J'ai donc été un peu surpris, quand j'ai eu le document en main, de constater qu'en fait tous les ministères représentés étaient d'accord pour retarder la décision de dépistage. L'initiative ne pouvait donc venir que des services du Premier Ministre ; ce n'était pas une demande d'arbitrage, c'était une demande d'information émanant du cabinet du Premier Ministre.

Au cours de l'entretien que j'ai eu avec le Pr François Gros, qui présidait cette réunion, j'ai eu l'explication – je fais évidemment état de propos oraux que je n'ai pas mentionnés dans le rapport puisque je ne me basais que sur le document que j'avais en main, c'est-à-dire le compte rendu de la réunion du 9 mai 1985 –, à savoir qu'au niveau des cabinets on était encore sous le coup des réactions qu'avait entraînées la circulaire du 20 juin 1983. Le Pr Jacques Roux m'a précisé qu'il en était à la énième mouture de cette circulaire, son projet initial ayant été considéré comme trop directif à l'égard des transfuseurs. La solution adoptée, malgré tout, engageait les collecteurs de sang à interroger les donneurs pour écarter éventuellement ceux présentant des risques. Cette circulaire avait suscité

de la République annonça à la télévision qu'il était de l'intérêt général comme de leur intérêt propre que ses anciens ministres fussent jugés. Pour ce faire, il fallait réunir la Haute Cour de justice, qu'il proposa de réformer en profondeur. Sa transformation en Cour de la République nécessitait une réforme de la Constitution qui fut votée, largement sous la pression de l'opinion publique, par les deux Assemblées réunies en Congrès à Versailles, en juillet 1993 *. Mis en cause par les journalistes, le Premier Ministre, après avoir hésité et sans que personne, dans le monde politique tout au moins, ne lui reconnaisse de véritable culpabilité, finit, fin 1992, par revendiquer d'être traduit devant la future Cour de la République. Celle-ci, effectivement réformée en 1994, n'avait, fin 1997, pas rendu son verdict.

J'avoue, pour ma part, être stupéfait devant la distance qui sépare les résultats du long cheminement de la justice (non encore abouti pour certaines affaires) de ce que je perçois comme la « réalité » de la situation et des causes du drame. Je peux, bien entendu, suivre la trame de la logique et des actions judiciaires et je ne doute pas qu'un énorme travail ait été accompli. Mais il existe à mes yeux un décalage considérable entre la condamnation de quatre « responsables » assortie de la mise en cause d'équipes ministérielles et les causes réelles du drame ou, si l'on peut dire,

---

de vives réactions d'associations d'homosexuels mais aussi d'un certain nombre de médecins qui s'étonnaient et critiquaient l'État de vouloir leur dire ce qu'ils devaient faire lorsqu'ils avaient en face d'eux des donneurs et le type de questions qu'ils devaient leur poser. Si bien que, dans l'entourage du Premier Ministre, certains conseillers se souvenaient encore de ces réactions et voulaient prendre la précaution de ne pas faire paraître porter atteinte à des libertés individuelles, alors que d'autres pensaient que la connaissance du risque était suffisante, et qu'il fallait aller au dépistage obligatoire des donneurs de sang. C'est donc en fait pour pouvoir permettre au Premier Ministre de prendre sa décision par rapport à ces deux points de vue que la réunion du 9 mai a été organisée. Il m'a semblé que le Pr Gros a été étonné de ne pas trouver le soutien qu'il attendait sur la nécessité d'aller rapidement au dépistage obligatoire. »

* Concernant l'Assemblée nationale, la démarche contraste singulièrement avec les conclusions du rapport d'enquête, déjà cité, et remis le 4 février 1993.

de sa partie la plus désastreuse, qui plonge ses racines dans la non-application, par les transfuseurs, de la circulaire de 1983. Je comprends que la justice réponde à des accusations et suive son cours selon des démarches qui lui sont propres. Il ne m'appartient pas de dire si les condamnations prononcées, à titre individuel, sont justes – ce dont certains commencent, ouvertement, à douter *. Ce qui est clair à mes yeux, c'est que l'image des responsabilités, telle que la justice nous la livre, n'est pas entièrement exacte. Elle ne colle pas à la réalité. Elle a longtemps ignoré le rôle de la plupart des transfuseurs et des prescripteurs et fait abstraction de la poursuite des collectes de sang dans les prisons ** ; elle charge à l'inverse un Premier Ministre et ses services dont presque tous s'accordent à dire qu'ils ont agi avec diligence et pris les bonnes décisions. Que veut dire ce décalage ? Devant l'horreur du drame, le poids de l'opinion était-il tel qu'il fallait trouver à tout prix sinon des responsables, du moins des symboles de la responsabilité ? A-t-on cherché à édicter, à propos de quelques cas particuliers, des principes de droit généraux pour l'avenir ? Ou bien la justice manquait-elle des catégories conceptuelles nécessaires à la gestion de la situation, comme le laisse supposer l'usage, contraire au sens commun, de la qualification d'empoisonnement utilisée dans les procédures ? Le travail judiciaire a été, au départ, axé vers l'indemnisation des victimes. Mais, dans sa recherche des responsabilités et des culpabilités, a-t-il toujours suivi la bonne voie ? Telle qu'aujourd'hui l'action judiciaire est engagée, je ne pense pas qu'au plan de son histoire, le drame du sang contaminé sera complètement arbitré par ces décisions de justice.

---

* « Blood scandal raises spectre of Dreyfus case » (qui sera traduit en : « Sang contaminé : nouvelle affaire Dreyfus ? ») est le titre d'un article paru dans la revue *Nature* (*371*, 1994, 548). Voir aussi *Le Monde*, 10 juin 1995.

** Ce n'est que fin 1997 que l'instruction sera infléchie dans cette direction (*Le Monde*, 25 décembre 1997).

Le rôle des médias

Tout ce qui touche au sida a fait l'objet d'une médiatisation exceptionnelle et les journalistes français ont joué un rôle considérable dans la mise au jour de certains aspects du drame du sang contaminé [5]. L'exposition médiatique a même influé, sinon sur la conduite des affaires de la science, à coup sûr sur le comportement de certains scientifiques. Les circonstances de la découverte du virus VIH-1 furent, certes, assez inhabituelles. Leur médiatisation conduisit à transformer Luc Montagnier et Robert Gallo en vedettes d'un feuilleton à épisodes et, par voie de conséquence, à laisser dans l'ombre, plus qu'il ne convient, leurs nombreux collaborateurs respectifs et, sans doute, à en minimiser le rôle *. Ce vedettariat a pris, en France, une dimension inhabituelle, amplifiée par l'affrontement entre les deux héros dont l'un fut, évidemment, paré des couleurs nationales. Les polémiques sur les priorités scientifiques sont souvent vives et des comités, comme le Comité Nobel, se livrent parfois à un véritable travail de détective pour les déterminer. Je n'en connais aucune qui ait eu un tel retentissement médiatique, pas toujours conforme à la réalité des faits.

En juin 1985, la polémique sur la priorité de la découverte fut compliquée par une seconde qui touchait aux brevets et concernait les institutions plus que les hommes. La question de la priorité des brevets prit d'emblée un tour politique. En décembre 1985, l'Institut Pasteur engagea une procédure visant à invalider le brevet déposé, à partir des travaux de Robert Gallo, par le National Cancer Institute, pour le diagnostic du sida et qui avait été délivré aux États-Unis. Pour le grand public, la priorité d'une découverte

---

* Voir B. Seytre, *op. cit.* Cette polarisation n'est pas rare dans la communauté scientifique où la désignation des patrons de laboratoire comme totems d'une découverte est assez fréquente, y compris dans l'attribution des grands prix.

équivaut souvent à l'attribution du titre de priorité intellectuelle qu'est un brevet. C'est méconnaître le fait qu'une découverte, en droit, n'est pas brevetable. On ne peut breveter qu'une invention. Après de multiples péripéties, le conflit fut résolu au plus haut niveau des deux États * et de nombreux journaux en France en conclurent que « les États-Unis reconnaissaient la découverte française ». Robert Gallo, pour sa part, fut, dès 1984, mêlé à la politisation croissante de la problématique du sida, liée pour partie au poids des minorités homosexuelles aux États-Unis. Il dut faire face, en 1989, dans la presse américaine, à des accusations graves [6] qui furent reprises au plan administratif et politique par une enquête pour suspicion de fraude scientifique, initialement conduite par l'Office of Scientific Integrity. Fin 1993, Robert Gallo fut lavé de tout soupçon. On apprit plus tard que ces accusations, comme celles formulées à l'encontre du Prix Nobel D. Baltimore, n'étaient pas étrangères à des manipulations politiques du Sénateur Dingell [7]. Une partie de la presse française diabolisa Robert Gallo [8]. Dans le traitement des affaires scientifiques touchant au sida, une partie de la presse a sans doute manqué de rigueur et pris partie de façon excessive. On reconnaîtra, par ailleurs, que certains intervenants se sont plu aux jeux médiatiques. On ne compte plus, comme il sera discuté dans le chapitre suivant, les déclarations fracassantes faites par des scientifiques ou des médecins aux grands médias, déclarations reprises au nom de l'urgence et de l'actualité sans que les mécanismes de validation scientifique aient opéré.

Laissons de côté les aspects strictement scientifiques de la recherche sur le HIV-1 et sur le sida, pour remonter aux origines [9]. La naissance médiatique du sida remonte à la mi-

---

* Le 31 mars 1987, par un accord entre J. Chirac et R. Reagan. Le dossier sera réouvert en 1990 et définitivement réglé en 1994 par une répartition croisée des royalties sur le test de diagnostic entre l'Institut Pasteur et le National Cancer Institute.

1981 aux États-Unis *. En France, les premiers comptes rendus sur l'épidémie naissante paraissent fin 1981 dans une revue homosexuelle, et début 1982 dans les grands quotidiens. Ceux-ci suivront dès lors attentivement la propagation de l'épidémie, fournissant une description précise du nombre croissant des cas de sida qui apparaissaient aux États-Unis, en France et dans les communautés africaines. De façon très remarquable, la presse conclut très correctement, et ce dès mars 1983, que la transfusion était contaminante [10]. Lorsque la circulaire du 20 juin 1983, issue du ministère de la Santé et demandant que l'on questionnât les donneurs, fut publiée, le risque transfusionnel avait donc déjà reçu une certaine publicité. La presse fera état de la grogne des transfuseurs et appuiera les interrogations sur le risque de discrimination à l'égard des homosexuels.

Après cette première phase, pendant laquelle les médias auront été particulièrement lucides, se déroule une deuxième période au cours de laquelle les journaux français, de 1983 à 1986, seront moins diserts sur la question de la contamination par la transfusion et les produits du sang. Un débat sur la qualité du vaccin contre l'hépatite B, à l'époque produit à partir de plasmas français et étrangers, sera clos en juin 1983 alors qu'il posait en des termes généraux le problème de la sécurité des produits sanguins **. On entre, et au plus mauvais moment, dans la période du

* Le premier article grand public parut dans le *New York Times* du 2 juillet 1981. Il était axé sur le sarcome de Kaposi.

** Ce point est bien illustré par *Le Monde* du 26-27 juin 1983 où l'on pouvait lire : « Parce que le sida fait référence au cancer, à la mort, au sang et à l'homosexualité, on touche vite à l'irrationnel. Si des mesures devaient être prises, elles ne sauraient, en aucune manière, porter sur le seul vaccin, mais devraient concerner l'ensemble des produits dérivés du sang. Or, sur ce point, le secrétariat à la Santé a déjà fait savoir qu'il n'interdirait pas les importations de médicaments antihémophiliques. Interdiction à laquelle s'était opposée, à l'avance, l'Association française des hémophiles [...] Si le sida ne représente pas, en l'état actuel des choses, un véritable problème de santé publique à l'échelle nationale, on gagnerait de manière générale à ne pas laisser dans l'ombre des dossiers qui, immanquablement, seront ouverts. »

mythe d'un système transfusionnel français irréprochable, sacralisé par la générosité du don bénévole. Une expression typique de ce mythe sera la déclaration selon laquelle le seul cas français de sida post-transfusionnel concerne un hémophile transfusé à Haïti [11]. Ce n'est qu'en 1986 que le risque de contamination par le sang sera remis en lumière dans la presse française. Les disparitions de célébrités décédées du sida apparaissent comme la révélation plus ou moins honteuse de leur homosexualité *. La presse, qui avait joué un rôle remarquable entre 1981 et 1983, dans la phase d'alerte, a, pour autant que je le sache entre 1983 et 1986, été silencieuse sur le risque transfusionnel. J'en ignore les raisons. Fut-elle intoxiquée par ses informateurs ? Fut-elle intimidée par l'image humanitaire du don de sang ? Craignit-elle de causer plus de mal que de bien en mettant en cause un système qui sauvait, par ailleurs, des milliers de vies ? Je me demande parfois si la colère de la presse, qui, en phase avec celle du public, allait exploser dans le scandale des années 1991-1992, n'était pas, en partie, dirigée contre elle-même, contre cette occultation des années 1983-1986 – à moins qu'elle n'ait voulu viser ceux qui l'avaient mal informée.

Les médias jouèrent ensuite un rôle tout à fait essentiel pour développer la prévention. D'abord pour accélérer dans la population la prise de conscience du risque, qui fut lente **. Ensuite pour promouvoir l'usage du préservatif, seul instrument réel de la prévention – à part l'abstention sexuelle et la fidélité recommandées par certaines hiérarchies religieuses. Il fallut un travail d'information récurrent, approfondi, pour informer et éduquer le public, ce qui fut accompli avec beaucoup de persévérance et de sérieux. Le contexte n'était pas facile. Le sida avait fait son entrée en scène comme maladie « honteuse ». La popularisation du préservatif nécessitait des allusions réalistes à l'intimité de

* En 1985, l'acteur américain Rock Hudson tiendra à ce que les causes de son décès soient rendues publiques.

** Un sondage publié dans *Le Figaro* du 12 octobre 1985 rapporte que 87 % des médecins jugeaient la crainte du sida exagérée.

la vie sexuelle. L'Église catholique y était résolument hostile. Le chemin parcouru depuis 1985 est considérable et les médias y ont puissamment contribué.

En 1991, la couverture médiatique du drame du sang contaminé va basculer. Le 25 avril 1991, l'*Événement du jeudi* publie le rapport de la réunion du 29 mai 1985 tenue au CNTS et au cours de laquelle fut entérinée la décision d'écouler, en direction des séropositifs, les stocks de facteur VIII non chauffé. L'information est reprise par de nombreux autres quotidiens et hebdomadaires. On découvre ensuite que le Dr Garretta, directeur du CNTS, bénéficiait d'avantages financiers importants. Enfin, la publication, en septembre 1991, du rapport de l'IGAS et du compte rendu de la réunion du 9 mai 1985 tenue à Matignon détourne les projecteurs médiatiques vers les responsables politiques, y compris les services du Premier Ministre, soupçonnés d'avoir retardé le test de dépistage pour des raisons économiques. Le scandale est énorme. Tous les médias s'en emparent ou s'y rallient [12]. L'agitation médiatique prend des dimensions inhabituelles. La pression de l'opinion publique conduit à mettre en accusation les politiques.

Il y a au moins deux lectures de ce phénomène exceptionnel d'emballement de l'opinion publique. L'une est de se féliciter, avec la plupart des journalistes, d'un travail d'investigation qui a mis au jour un certain nombre de faits qui, sans cela, seraient probablement restés dans l'ombre et n'auraient pas été portés à la connaissance du public. Cette lecture est exacte, mais trouve ses limites lorsque les prétendues révélations concernaient des pièces présentes dans les dossiers d'instruction, parfois étrangement accessibles et, en tout état de cause, à la disposition de la justice. L'autre lecture consiste à s'interroger sur la signification profonde d'un scandale et à s'inquiéter de la perte de contrôle du système médiatique qui s'est produite en cette occasion. Le terme de scandale est lourd de sens. Conformément à la définition qu'en donnent les dictionnaires, un scandale est une émotion indignée de l'opinion publique, *a priori* légitime, et qui porte en soi une volonté de condamnation. Un scandale ne peut exister sans une certaine cohésion de l'opinion publique et cette cohésion ne peut être obtenue sans l'intervention des médias. Ici joue, bien évidemment, ce rapport complexe entre l'opinion et les médias, les seconds étant à l'écoute du public, tout en l'influençant, jusqu'au stade où se produit une sorte de résonance, un phénomène auto-entretenu où des transferts d'énergie réciproques s'accordent à maintenir l'excitation mutuelle. Une surenchère au scandale s'installe. Ainsi, dans des émissions télévisées, des présentateurs s'érigent en juges et condamnent sans appel les responsables présumés. Ceux-ci avaient-ils quelque argument explicatif, les voici cloués au pilori par une réplique cinglante : « Mais, Monsieur le Professeur, comment pouvez-vous avancer une telle explication : des enfants sont morts. » La chose est désormais jugée dans les médias et l'opinion publique vibrant à l'unisson. L'Assemblée nationale mène-t-elle sa propre enquête, entendant, sous serment, des dizaines de témoins, pour conclure, après un travail approfondi, au drame plutôt qu'au scandale ? Rien n'y fait. Puisque le scandale est devenu réalité, c'est que les témoins ont tort, ou mentent, et que la représentation nationale est complice de l'administration et des ministères. L'opinion veut des coupables. L'action judiciaire les cherchera. Le monde politique acquiescera. La réforme de la Constitution nécessaire pour traduire en Haute Cour un Premier Ministre, qui, en moins de six semaines, avec ses services, a bien géré un dossier difficile, sera votée. C'est cette dérive-là, unique au monde en la circonstance, que je veux isoler comme symptomatique. Pour dissiper à l'avance tout malentendu, je ne prétends en aucune manière que la recherche des responsabilités n'était pas fondée. Je souligne le fait que la conjugaison du mouvement de l'opinion et des actions médiatiques a conduit à un dérapage grave qui a fini par peser sur le fonctionnement même de la justice et de la démocratie. Car ce n'est pas par des condamnations d'ordre symbolique ou par des rites de conjuration du sort que l'on empêchera des drames de même nature de se reproduire. Or c'est malheureusement dans cette direction qu'en France plus qu'ailleurs on s'est engagé. À mon sens, le piège du scandale a fonctionné. Il a offert aux uns et aux autres quelques satisfactions plus ou moins trompeuses. Mais à ce jeu il n'y a que des perdants, parce que la prééminence de l'émotion sur la raison et du préjugé sur le jugement conduit à une vision fausse des situations. Nous n'en avons pas fini avec le drame du sang contaminé. Il faudra en reprendre l'analyse afin d'en dégager avec calme et méthode les composantes historiques, sociologiques et technologiques. C'est un devoir envers les victimes. C'est aussi un acte indispensable pour refonder l'avenir et repenser en profondeur les questions de santé publique *.

---

* Si le drame du sang contaminé a induit une réforme profonde du système de transfusion en France, il semble qu'il reste encore des progrès à faire en matière de santé publique. « La santé publique en jachère » est le titre d'un article publié par *Le Monde* du 5 mars 1997 à la suite de la divulgation de la synthèse nationale des « tableaux de bord » régionaux. Le rapport insiste sur la mortalité prématurée (les décès qui se produisent avant l'âge moyen de survie, soit cent vingt mille par an en France) et conclut qu'une partie de ces décès pourrait être évitée. Un numéro spécial de *Science et Avenir* (n° 608, octobre 1997) a mis l'accent sur les performances très inégales des hôpitaux et des cliniques sur le territoire national. Le problème de l'hépatite C, en France et en Europe, a déjà été mentionné (chapitre V). La question de l'amiante a reçu une forte exposition médiatique, après être restée longtemps dans l'ombre. Il semble qu'ici aussi il faille faire le tri dans certaines informations si on en juge par les avis contradictoires sur le niveau d'amiante dans le campus universitaire de Jussieu à Paris (*cf. La Recherche*, n° 304, 1997, p. 12). Un rapport collectif de l'INSERM de juillet 1996 évaluait à environ deux mille le nombre de décès provoqués par l'amiante en 1996. Le problème du saturnisme acquiert seulement aujourd'hui une certaine visibilité, bien qu'il soit connu depuis longtemps (*cf.*, par exemple, C. J. C. MacKenzie, *Can. Medical Association J.*, *122*, 1980, 1377). Il s'agit d'intoxications par le plomb, auxquelles les enfants sont particulièrement sensibles, et qui laissent des traces débilitantes. Les sources les plus fréquentes de plomb sont l'essence, les peintures, mais aussi les canalisations de plomb qui polluent l'eau. En 1992, l'OMS a ajusté à 10 mg/litre la valeur limite du plomb dans l'eau, au lieu de 50 mg/litre précédemment. Le remplacement de toutes les canalisations de plomb (40 % des logements à Paris) poserait un problème considérable (*cf. La Recherche*, n° 304, 1997, p. 16).

Chapitre VII

ANALYSE DE LA RAISON MÉDIATIQUE

Ulysse, lors de son périlleux retour vers Ithaque, dut croiser l'île des Sirènes. Instruit par Circé sur les risques mortels qu'il encourait avec ses compagnons, il leur boucha les oreilles avec de la cire, et se fit attacher au mât du navire. Lorsque, pieds et poings liés, il entendit leur chant, il supplia, du regard et des sourcils, ses hommes de le libérer. Ceux-ci, au contraire, multiplièrent ses liens et se courbèrent sur les rames jusqu'à ce qu'ils échappassent au danger. Mais que chantaient les Sirènes de si irrésistiblement attirant ? Le poète l'évoque en quelques vers [1] :

Viens, Ulysse fameux, gloire éternelle de la Grèce,
arrête ton navire afin d'écouter nos voix !
Jamais aucun navire noir n'est passé là
sans écouter de notre bouche de doux chants.
Puis on repart charmé, lourd d'un plus lourd trésor de science.
Nous savons en effet tout ce qu'en la plaine de Troie
les Grecs et les Troyens ont souffert par ordre des dieux,
nous savons tout ce qui advient sur la terre féconde...

Dans une lecture qui laisse moins de place à la poésie, on peut imaginer que les Sirènes prétendaient détenir toutes sortes de connaissances et d'informations qu'elles divulguaient avec un charme envoûtant. Les médias font-ils autre chose ? Eux aussi détiennent l'information et cherchent à plaire lorsqu'ils la restituent. Ce processus serait-il mortifère ? Devrions-nous, pour y résister, nous boucher les oreilles ou nous faire ligoter ? La métaphore ne doit pas nous entraîner dans des excès de verbe. Mais, compte tenu de la problématique de cet ouvrage et des dérapages notés dans les études de cas qui précèdent ce chapitre, il est maintenant nécessaire de nous interroger sur les qualités et les défauts des systèmes qui nous informent. J'aborderai ce questionnement de façon générale avant de le recentrer sur l'information scientifique en particulier.

Les médias en question

Le fonctionnement et le rôle des médias évoquent, de façon diffuse, un malaise grandissant aussi bien chez les journalistes que chez les politologues et divers acteurs de la vie publique. La réflexion critique sur les médias, en France comme à l'étranger, est entrée depuis quelque temps dans une phase plus active, à la suite de plusieurs manipulations spectaculaires de l'opinion notamment : le charnier de Timisoara (fin 1989) et la guerre du Golfe (en 1991). Des journalistes ont exprimé leurs doutes sur le fonctionnement du système [2] et on a assisté à une floraison d'ouvrages critiques ou polémiques ou, plus calmement, analytiques. Certains titres sont éclairants : *Médias et Démocratie, la dérive* [3], *Médias et Déontologie. Règles du jeu ou jeu sans règle* [4], sans compter *La Télévision, un danger pour la démocratie* [5] et bien d'autres. Constats et analyses sont largement convergents.

Le poids des médias, dans des sociétés où les activités de communication occupent une place considérable, est énorme *. Il va probablement croissant avec l'augmentation

* On trouvera une somme considérable d'informations et de chiffres sur les médias français et étrangers dans l'ouvrage de Francis Balle, *Médias et Sociétés*, 8e éd., Paris, Montchrestien, 1997.

du temps libre et l'évolution des technologies de l'information. Le Français moyen passe presque six heures par jour au contact des médias * : plus de trois heures devant la télévision, plus de deux heures au contact d'une radio et près de trois quarts d'heure à lire des journaux. Toutefois, ces activités sont rarement exclusives. L'information n'en occupe qu'une faible part. Seulement vingt millions de téléspectateurs regardent les journaux télévisés du soir et l'audience des périodiques reflète un engouement modeste pour l'information **.

Le règne de l'image est attesté non seulement par la prégnance de la télévision mais aussi par sa pénétration dans la presse écrite et jusque dans l'écriture : « À l'intérieur même des articles, le recours à l'image dépeinte, la scénarisation du récit sont devenus des procédés constants. Cette évolution est assez préoccupante quant à certains aspects de fonds [6]. » L'image, note Henri Pigeat [7], « privilégie l'émotion, l'irrationnel, l'immédiateté et le symbolique, au détriment de l'explication, de la compréhension d'ensemble, de la mise en ordre et en perspective ». « Le règne de l'image implique pour tous les acteurs et les informateurs une mise en scène et l'irruption du spectacle dans le monde de l'information. »

Voici donc une première critique : la mise en image généralisée de l'information s'accompagne d'un glissement de catégories, en donnant la primauté à l'émotionnel sur le réflexif. À laquelle s'ajoute une seconde : la quête effrénée

* Enquête de 1993 citée par Jacques Mouriquand, *L'Écriture journalistique*, Paris, PUF, « Que sais-je ? », 1997.

** Voir Francis Balle (*op. cit.*) et Jacques Mouriquand (*op. cit.*). Les tables d'audience montrent que, sur les dix périodiques qui sont parcourus par plus de cinq millions de lecteurs, la plupart sont des magazines de télévision dont deux arrivent en tête avec onze millions de lecteurs. Un magazine féminin est au troisième rang. *Paris-Match* ne se situe qu'au treizième rang (avec 4,5 millions de lecteurs). *Le Nouvel Observateur* (2,7 millions) est classé après *Le Chasseur français* (3,3 millions), au coude à coude avec *Réponse à tout* (2,8 millions) et *L'Express* (2,6 millions).

de l'immédiateté, du temps réel. « Aussi faut-il craindre que vérifications, mises en perspective, recherches de tenants et aboutissants, prises de distance aussi, tout ce qui permet un jugement éclairé, ne succombent, sacrifiés sur l'autel de la vitesse [8]. » La sélection des faits traités par les médias constitue un troisième thème de critique. Ainsi, les grands journaux télévisés accordent souvent peu de place aux événements les plus graves. Comme le note Pierre Bourdieu [9] : « en mettant l'accent sur les faits divers, en remplaçant ce temps rare avec du vide, du rien ou du presque rien, on écarte les informations pertinentes que devrait posséder le citoyen pour exercer ses droits démocratiques. » Cette sélection première des faits montrés par rapport à ceux qui ne le sont pas constitue une question primordiale, celle de l'« ordre du jour » que Daniel Cornu [10] résume ainsi : « Par la détermination d'un ordre du jour, les médias offrent une interprétation générale de la réalité en distinguant les thèmes et événements considérés comme " remarquables ". L'influence réelle des médias sur la société tient davantage à cette fonction qu'à l'accomplissement de desseins manipulateurs à des fins de domination. » Roland Cayrol [11] insiste aussi sur ce point. « Ce sont très largement les médias qui opèrent le choix des données considérées comme les plus importantes pour les retransmettre en direction des citoyens. » Or le choix des sujets inscrits à l'ordre du jour est le produit d'interactions complexes où les facteurs économiques jouent leur rôle : « L'information coûte de plus en plus cher [...]. Or le public est de moins en moins disposé à payer au prix fort ce qui pourtant le mériterait. » Les journalistes sont ainsi conduits à privilégier des sujets « qui ne coûteront rien ». D'où le rôle joué par les services de communication opérant pour le compte d'entreprises et d'institutions diverses. « Ainsi, des secteurs entiers de l'actualité ne font plus l'objet d'une information équitable en raison d'une influence exagérée des services de communication [...]. Les médias sont nécessairement moins attentifs aux organisations ou aux secteurs qui n'ont pu financer de services de communication [...]. Aucun organisme indépendant n'a fait l'évaluation de la part exacte des informations " inspirées " de celles qui circulent à l'initiative des médias. Les premières l'emportent très largement sur les secondes [12]. » Au total, conclut Henri Pigeat, « si l'on n'y prend garde, l'information ne sera plus l'instrument critique indispensable à l'exercice de la démocratie rêvée par les Déclarations des droits de l'homme. Au lieu de l'agora et du débat des citoyens libres et conscients, elle peut engendrer un vaste terrain vague, diffus et virtuel où errent des individus submergés d'informations, incapables en fait de retrouver leur chemin, abandonnés à eux-mêmes ou proies désignées pour les vendeurs de fantasmes ou d'utopie. Amplifiant les craintes de Tocqueville, la démocratie risquerait alors d'être plus apparente que réelle. Tel est sans doute l'enjeu de société capital de cette évolution [13] ».

Le rôle de la télévision est particulièrement mis en cause. « Il n'est pas, écrit Pierre Bourdieu [14], de discours (analyse scientifique, manifeste politique, etc.) ni d'action (manifestation, grève, etc.) qui, pour accéder au débat public, ne doive se soumettre à cette épreuve de la sélection journalistique, c'est-à-dire à cette formidable censure que les journalistes exercent. » « La télévision, constate Roland Cayrol [15], joue, en tant que telle, à se faire institution politique, à se présenter comme lieu solennel d'arbitrage d'un débat politique dramatisé selon les règles de son spectacle. Les autres médias se partagent les miettes, nullement négligeables, du festin politique et électoral. » Karl Popper va plus loin : « La télévision a acquis un pouvoir trop étendu au sein de la démocratie. Nulle démocratie ne peut survivre si l'on ne met pas fin à cette toute-puissance... Un nouvel Hitler disposerait avec elle d'un pouvoir sans limite. Il ne peut y avoir de démocratie si l'on ne soumet pas la télévision à un contrôle ou, pour parler plus précisément, la démocratie ne peut subsister durablement tant que le pouvoir de la télévision ne sera pas complètement mis au jour [16]. »

Ce florilège montre que, dans certaines sphères au

moins, le débat est engagé, et plutôt vivement. Les journalistes français, au plan collectif, ne sont pas restés totalement à l'écart. Alertée par l'image désastreuse dont ils sont crédités dans l'opinion *, la Commission de la carte, qui délivre la carte de presse aux journalistes en exercice, a publié, le 4 février 1992, un communiqué qui fit quelque bruit : « Face au discrédit dont les médias font l'objet dans l'opinion publique, si l'on en croit les sondages, et compte tenu des conditions de plus en plus scabreuses qui président à la collecte de l'information – âpreté de la concurrence, hantise de l'audimat, recherche du scoop à tout prix, poids de la publicité, vitesse accélérée de la transmission des nouvelles, réduction du temps nécessaire à leur vérification, etc., la Commission [...] appelle ses quelque vingt-sept mille ayants droit à la plus grande vigilance [...] Devant la cascade des dérapages [...] la Commission de la carte estime de son devoir d'appeler les éditeurs et les journalistes, chacun selon ses responsabilités, à conjuguer leurs efforts pour donner un coup d'arrêt à cette dangereuse dérive [17]. »

***

En France, le débat, plus tardif qu'ailleurs, doit être inscrit dans son cadre historique. Il est enraciné dans l'article 11 de la Déclaration des droits de l'homme de 1789 : « La libre communication de ses pensées et de ses opinions est un des droits les plus précieux de l'homme ; tout citoyen peut donc parler, écrire, imprimer librement, sauf à répondre de l'abus de cette liberté dans les cas déterminés par la loi. » C'est donc la loi qui est chargée de définir des

---

* Un sondage SOFRES est effectué chaque année pour le compte de *Télérama* et *La Croix*. En 1995 (*Télérama*, 24 janvier 1996) à la question : « Croyez-vous que les choses se soient passées comme le montre la télévision ? », 54 % des interrogés répondent par la négative. La presse écrite n'est guère mieux perçue (51 %) et la radio un peu mieux (37 %). Ces sondages sont pratiqués depuis 1987 et leurs résultats rapportés par F. Balle (*op. cit.*).

limites et de les faire respecter. Dans cet esprit, et surtout depuis 1881, un arsenal législatif complexe a progressivement été mis en place pour définir les limites de la liberté de la presse [18]. En ce sens, on comprend bien l'irritation latente des journalistes français devant un système qu'ils jugent excessivement et parfois inéquitablement répressif [19]. On doit se demander si cet encadrement juridique ne contribue pas à étouffer la discussion déontologique – bien qu'on puisse, à l'inverse, imaginer que l'empire de la loi s'étend d'autant plus que la profession est lente à promouvoir des règles déontologiques efficaces.

Cette situation contraste avec la tradition anglo-saxonne *, comme l'illustre le premier amendement de la Déclaration des droits de l'homme édictée en 1791 aux États-Unis : « Le Congrès ne fera aucune loi [...] restreignant la liberté de la parole ou de la presse. » À l'encadrement législatif de la liberté de la presse et à une forme de contrôle *a priori* qui prévalent en France, les Anglo-Saxons opposent donc, de façon radicale, un refus total de tout encadrement législatif, avec deux conséquences notables. D'une part, une jurisprudence s'est élaborée progressivement, mais *a posteriori* et au cas par cas, pour régler les conflits. D'autre part, la responsabilisation des journalistes s'est avérée propice au développement de réflexions sur la déontologie. Beaucoup d'entreprises de presse aux États-Unis ont élaboré leurs propres codes de déontologie. En outre, leur analyse comparée fait partie de l'enseignement du journalisme, qui est très développé, de sorte qu'une culture de la déontologie pénètre le milieu journalistique de

* Tradition que l'on fait d'ordinaire remonter à l'*Areopagitica* de John Milton, ouvrage publié en 1644, dans lequel le libre examen protestant est traduit en une revendication absolue de la liberté de la presse. À l'inverse, la tradition catholique et l'Église romaine s'accommodaient mieux d'une forme de contrôle de l'information, voire de censure des informations non conformes aux dogmes religieux. Ce n'est que dans une encyclique de 1963 que l'on trouve explicitement la notion de liberté de la presse, formulée d'ailleurs de façon novatrice comme droit à l'information (*cf.* D. Cornu, *op. cit.*, p. 73 et H. Pigeat, *op. cit.*, p. 89).

façon systématique. En France, 10 % seulement des journalistes en exercice en 1996 avaient étudié dans une école de journalisme, et la profession, au demeurant assez peu organisée, semble mal préparée aux débats sur la déontologie. Des tentatives sporadiques pour proposer des règles déontologiques ont eu lieu, sans grand résultat *.

La conception libérale, fondée sur la liberté de l'individu, s'étend, aux États-Unis, à la liberté des entreprises de presse qui doivent rester à l'abri de toute intervention de l'État, et dont l'indépendance économique apparaît ainsi comme une condition nécessaire. Pourtant, en Grande-Bretagne, la BBC est entièrement financée par la redevance, tout en maintenant son indépendance, de façon parfois conflictuelle vis-à-vis de l'État qui récolte la manne. En France, la libéralisation des entreprises de presse s'est accélérée. Mais le temps n'est pas si lointain où toutes les chaînes de télévision étaient propriété de l'État et où les conférences de rédaction se déroulaient en liaison étroite avec le ministère de l'Information. Ce n'est que dans les années 1980 que l'État a abandonné son monopole sur la télévision.

Dans l'optique libérale stricte, la notion de contrôle externe, surtout s'il est exercé par l'État et même s'il est transcendé par l'empire du service public **, n'est pas recevable. La déontologie est la voie majeure et quasi unique

---

* Dans sa séance du 21 mars 1995, la Commission nationale consultative des droits de l'homme a proposé l'élaboration d'un code déontologique de la profession, comme il est rapporté dans *Le Monde* du 1er avril 1995 : « La Commission va jusqu'à envisager que toute demande d'attribution de la carte de presse soit subordonnée à une adhésion expresse et que toute violation grave entraîne le retrait. » Cette proposition et les autres (notamment la création d'« organes de défense des lecteurs et des personnes mises en cause ») furent très mal reçues par la profession. Voir aussi Claude-Jean Bertrand, *La déontologie des médias*, Paris, PUF, « Que sais-je ? », 1997.

** La notion de service public n'est pas absente, tant s'en faut, du débat déontologique aux États-Unis. D. Cornu (*op. cit.*, p. 82) rappelle les difficultés de la commission Hutchins qui, en 1947, conclut à la nécessité de renforcer la notion de service public en énonçant plusieurs principes d'action en rupture avec la pensée libérale stricte.

par laquelle le système peut s'autoréguler. À l'inverse, les approches « sociales » qui reconnaissent une place importante à l'exercice du service public sont plus ouvertes à l'implantation d'instances de contrôle. Les conseils de presse et les ordres professionnels [20] constituent des superstructures mises en place, avec des succès variables, dans de nombreuses démocraties occidentales *. La Grande-Bretagne, réputée pour la qualité de la BBC dont l'indépendance et la rigueur sont vantées dans le monde entier, possède aussi une presse d'échos et de ragots dont la réputation négative n'est pas moindre. C'est pourquoi une Commission des plaintes fut mise en place à titre expérimental en 1991. Comme toutes les instances de contrôle, elle est confrontée au problème de la définition et l'ampleur des moyens de contrôle et de rétorsion dont elle peut disposer pour être efficace sans porter atteinte à la liberté de la presse.

Génie médiatique et risque informationnel

Les sons et les images, dans les technologies numériques actuelles, sont décomposés, décrits par des paquets de nombres, et reconstruits par le récepteur à partir des données numériques. De même, toute information fait l'objet d'une reconstruction. Le journaliste est l'ordonnateur d'une re-présentation du fait ou de l'événement qu'il veut transmettre. Cette ingénierie de l'information comporte des aspects techniques, mais fondamentalement elle repose sur des choix, des sélections, une composition effectuée par le journaliste. L'information banale « une vague de froid s'est abattue sur le France » peut être transmise de bien des manières : telle autoroute est coupée ; des retards sont enregistrés dans plusieurs aéroports ; un record de froid a été

* Un cas extrême est le Conseil de presse mis en place en Suède en 1916, qui tire une partie de ses moyens des amendes qu'il inflige.

battu dans telle ville ; des salles d'écoles sont ouvertes aux sans-abri, etc. Le journaliste dispose de données d'origines diverses, souvent fournies par les agences de presse, pas nécessairement complètes, mais le plus souvent surabondantes. Il décide d'abord que la vague de froid mérite, ou non, d'être rapportée. Dans l'ensemble des éléments dont il dispose, il sélectionne ceux qu'il juge être les plus significatifs. Puis il compose le message qu'il calibre en fonction de l'importance qui lui est attribuée et du sens qu'il veut lui donner. Illustrée à la télévision par des images montrant des patineurs sur le lac gelé du bois de Boulogne ou des sans-abri dans des cartons, la même information sera annotée et perçue de façon très différente.

Il n'y a donc pas, *stricto sensu*, d'information. Il n'y a que des *produits d'information*, fabriqués par ces ingénieurs professionnels que sont les journalistes, œuvrant au sein d'*entreprises de presse* qui financent l'élaboration des produits et en assurent la diffusion. J'appellerai *génie médiatique* cette ingénierie de l'information et *risque informationnel* le risque, associé à cette activité, de fabriquer un produit dangereux ou potentiellement dangereux *.

En tant que biologiste, je ne résiste pas au plaisir de dresser un parallèle entre le génie médiatique et le génie génétique. Le génie génétique, dont il a été abondamment question, est une technologie qui consiste à rabouter des gènes ou des morceaux de gènes. Or les gènes sont porteurs d'information. Ils délivrent un message génétique. Ainsi, le génie médiatique et le génie génétique consistent tous deux à déchiffrer et à recomposer des messages, écrits bien évidemment dans un langage différent. Le biologiste utilise des bouts d'ADN pour les recoller à son gré et faire en sorte qu'ils transmettent un message. Le journaliste prend des segments d'information, qu'il choisit et assemble à sa

* Le risque informationnel ainsi défini ne recouvre pas la totalité des risques dont les médias sont porteurs en dehors du champ de l'information « citoyenne » : divertissements, feuilletons, qui soulèvent le problème de la violence à la télévision et bien d'autres.

manière. Tous deux sont des manipulateurs d'information. Ils peuvent, en théorie, produire un peu n'importe quoi, y compris des modifications de sens. Choisir et combiner des éléments en vue d'opérer une analyse, une classification ou une création sont le propre de toute activité culturelle. Le projet principal du journaliste est de produire une information « exacte », dont la fabrication, nous l'avons vu, s'accompagne d'une re-présentation et souvent d'une re-création au plan du contenant sinon du contenu. Le projet majeur des biologistes n'est pas de fabriquer n'importe quoi, mais le plus souvent d'appréhender, de comprendre et rendre compréhensible donc de re-présenter une information « naturelle ».

Le côté malicieux du parallèle est que le génie génétique a soulevé, et soulève encore chez certains des inquiétudes très vives. Pourquoi le génie médiatique n'en soulèverait-il pas ? La polémique sur le génie génétique a rapidement explosé en une série d'interrogations diverses, parfois diffuses, mais réductibles à deux catégories de questions : 1) Y a-t-il des risques, de quelle nature, de quelle ampleur, et pour qui ? 2) Dès lors qu'il y a risque, ou même hypothèse de risque, qui contrôle quoi et comment ? Par quels mécanismes le corps social est-il en mesure, si nécessaire, d'exercer une surveillance, voire un contrôle ?

Le débat sur les manipulations génétiques fut lancé par les biologistes eux-mêmes. Beaucoup imaginèrent à tort que les discussions resteraient confinées à leur microcosme. Elles le débordèrent rapidement, prirent une tournure polémique, et suscitèrent, dans le public, beaucoup d'interrogations : les scientifiques jouent-ils aux apprentis sorciers ? Fabriquent-ils des monstres ? Faut-il faire confiance à leur éthique professionnelle ou bien faut-il légiférer sur certains points ? Faut-il prévoir des sanctions contre les acteurs sociaux, chercheurs, développeurs de science, industriels, assureurs, etc., qui transgresseraient les règles ? En bref, comment gérer ces innovations : par l'élaboration de nouvelles règles ou la modification des règles existantes, par l'aménagement d'un régime de sanctions positives et négatives ? Toutes ces interrogations sont légitimes et certains biologistes furent bien naïfs de croire qu'il leur appartenait de les résoudre au sein de leur communauté, alors que les réponses, comme beaucoup de questions, appartenaient au corps social dans son ensemble. On peut adresser les mêmes questions aux journalistes. Les technologies de l'information ont, comme les technologies génétiques, beaucoup évolué. Les espaces immenses ouverts au génie médiatique par la radio et la télévision vont s'élargissant encore avec les réseaux, les multimédias, etc. Il n'est pas illégitime de s'interroger sur l'usage qui est fait de ces instruments de communication : des journalistes jouent-ils aux apprentis-sorciers ? Fabriquent-ils des monstres médiatiques ? Faut-il faire confiance à leur éthique professionnelle ou légiférer sur certains points ? Faut-il prévoir des sanctions contre les acteurs sociaux, journalistes, publicitaires, utilisateurs variés d'information qui transgresseraient les règles ? En bref, comment adapter les mécanismes sociaux à l'évolution de la médiatisation : par l'élaboration de règles nouvelles ou la modification des règles existantes, par l'aménagement d'un régime de sanctions positives ou négatives ? Et les journalistes seraient naïfs de croire que ces interrogations concernent la seule communauté des journalistes alors que les réponses, comme beaucoup de questions, appartiennent au corps social dans son ensemble.

Ce parallèle entre génie médiatique et génie génétique avait pour objectif de sensibiliser le lecteur. Mais l'analogie fait mauvais ménage avec la rigueur. Reprenons en propre la question du risque informationnel.

L'information est un produit manufacturé destiné à des consommateurs. Comment ces derniers peuvent-ils être assurés de la qualité du produit ? Des produits de mauvaise qualité pourraient-ils leur faire courir des risques ? Si oui, nous nous devons d'appliquer au système médiatique – au moins par la pensée – la même démarche analytique que nous utilisons dans d'autres situations de risque. L'existence du risque informationnel est indiscutable. Les exemples évoqués plus haut (la guerre du Golfe, le charnier de Timisoara, etc.) et d'autres décrits dans cet ouvrage montrent son importance démocratique. Des informations incomplètes, biaisées ou inexactes peuvent avoir un impact sur les prises de décision jusqu'au plus haut niveau de l'État : soit de façon directe, parce que, pour beaucoup de décideurs, les médias constituent une source majeure d'information ; soit de façon indirecte, parce que les politiques tiennent compte de l'opinion publique, de plus en plus fréquemment sollicitée par le biais des sondages. Quant à l'espoir que les juges soient imperméables aux mouvements de la presse et de l'opinion, il renvoie à un idéal que ne reflète pas toujours la réalité.

Nous devons donc, et c'est un devoir de citoyen, réfléchir au fonctionnement du système médiatique et à ses dérapages possibles. Nous devons analyser la robustesse du système et de ses contrôles. Nous devons déterminer si les erreurs et les dérives dont nous avons connaissance sont le symptôme d'une fièvre bénigne ou d'une maladie grave. Et nous ne pouvons nous reposer sur la seule initiative et le seul jugement de la corporation concernée, même si son rôle est évidemment essentiel.

D'aucuns penseront que ce discours est bien théorique, que l'on fait beaucoup de bruit pour pas grand-chose, que tout ne va pas si mal, que la presse accomplit globalement très bien son travail et qu'à tout prendre il n'y a guère de raisons de vouloir à tout prix s'interroger sur un système qui, sans être parfait, a fait ses preuves et qui, sur bien des points, s'est considérablement amélioré. C'est vrai. Mais je leur répondrai que certains dérapages médiatiques dont nous avons connaissance ne peuvent être tenus pour négligeables et que nous pouvons fort bien en imaginer d'autres qui le seraient encore moins.

D'autres iront invoquer la liberté de la presse, principe fondamental, essentiel pour l'exercice de la démocratie, mais dont la seule énonciation suffit souvent à geler toute discussion. Mais, en la matière, ne confond-on pas encore trop souvent liberté et absence de contraintes ? Ai-je perdu ma liberté de circuler parce que la vitesse des automobiles est limitée dans les agglomérations ? Évidemment pas. Cette contrainte qui s'impose à tous est le fruit d'un compromis complexe entre les dangers encourus par les piétons, les désagréments endurés par les riverains, les capacités techniques des véhicules, les réflexes moyens des conducteurs, etc. Y a-t-il atteinte à la liberté de la presse lorsqu'un journaliste ou son entreprise sont condamnés par les tribunaux à la suite d'une erreur ? Certainement pas, sauf si la lourdeur de la peine provoque des difficultés telles qu'elle interfère avec l'activité de l'entreprise ou induit l'autocensure des journalistes *. Ce qui est vrai, c'est que le poids des contraintes de tous ordres, dans la plupart des secteurs productifs des pays occidentaux, tend à croître et que ces contraintes ont un coût. Des provisions pour la réparation des erreurs sont communément incorporées dans les charges des entreprises, ce qui requiert des dispositions techniques et économiques particulières. Les coûts sont en fait répercutés sur les consommateurs. Et c'est peut-être là, comme il sera discuté plus loin, qu'une véritable difficulté se trouve. En tout état de cause, il ne faut pas confondre un principe de liberté avec les moyens humains et financiers qu'on doit mettre en œuvre de façon à gérer des contraintes qu'impose souvent la liberté des autres.

Questions de méthodes

Pour progresser dans l'analyse du risque informationnel, nous devons nous interroger sur la fidélité de la transmission des informations et donc sur les méthodes utilisées

* Voir, par exemple, l'argumentation développée par *Le Monde* (31 janvier 1997) après sa condamnation à deux cent mille francs d'amende pour avoir publié une information inexacte que le quotidien avait de lui-même corrigée le lendemain.

pour fabriquer les produits d'information. J'irai chercher quelques repères en étudiant brièvement cet autre système d'information qu'est le système scientifique. Non qu'il soit « supérieur » ou sans faille. Mais la comparaison entre les deux, le médiatique et le scientifique, fournit plusieurs éclairages intéressants.

Les scientifiques gèrent l'information produite par leur recherche selon des mécanismes codifiés auxquels tous se soumettent. Seuls sont reconnus comme porteurs de preuves des écrits publiés dans des revues à comité de lecture et donc soumis à l'épreuve du jugement par les pairs *. Les communications orales ne sont pas considérées comme ayant valeur de preuve – même si elles jouent un rôle important dans le jeu parfois subtil de la conquête de la priorité sur une découverte – parce que le recul et la capacité d'examen des données expérimentales, et la diffusion, dans la sphère scientifique, sont jugés insuffisants pour permettre une véritable analyse critique.

L'information scientifique est délivrée dans un format convenu. En biologie, un manuscrit comportera souvent une trentaine de feuillets organisés selon un plan rituel : une introduction qui situe le problème, une description des techniques utilisées, la présentation des résultats expérimentaux, leur discussion. Le tout est assorti de figures et de tableaux fournissant les données expérimentales critiques et de quelques dizaines de références bibliographiques décrivant des travaux antérieurs ou connexes. La rédaction obéit à trois règles d'or : la description des résultats doit être suffisamment précise et détaillée pour qu'un homme de l'art puisse les reproduire. Les sources, scien-

* Des évolutions se dessinent avec l'émergence de journaux électroniques, des réseaux, etc., avec, pour l'instant des succès divers selon les microcommunautés scientifiques. Certains cercles de physiciens se sont accordés pour diffuser sur Internet leurs projets d'articles et tout un chacun est libre de faire parvenir des commentaires à l'auteur qui peut remanier son article en conséquence. La publication papier devient une formalité qui n'intervient que beaucoup plus tard. En un sens, c'est par l'ensemble des lecteurs que s'exerce alors le jugement par les pairs.

tifiques ou techniques, doivent être citées. L'exposé des faits doit être séparé de leur interprétation, ce que reflète la distinction entre les résultats et la discussion dans le plan type. Ce sont une à trois années de travail de plusieurs personnes qui rentrent habituellement dans ce moule. Sa rigidité et les conventions du milieu conduisent à rectifier les aspects aléatoires de la recherche en action pour en donner une présentation délibérément cohérente. Dans chaque domaine, l'immunologie, la neurobiologie, etc., il existe plusieurs dizaines de revues scientifiques spécialisées, hiérarchisées selon leur audience et leur « cote ». Les auteurs soumettent leur manuscrit à la revue de leur choix. L'éditeur l'enverra à deux ou trois relecteurs bénévoles, sélectionnés en raison de leur compétence, où que ce soit dans le monde, car la communauté considère l'exercice du jugement par les pairs comme un devoir collectif. Les auteurs recevront, quelques semaines plus tard, les commentaires anonymes des relecteurs. Ils disposent, en cas de désaccord, d'une certaine capacité d'appel. Accepté, après d'éventuelles modifications requises ou suggérées par les relecteurs, le manuscrit sera publié ; refusé, il sera généralement amendé et soumis à une autre revue. Dès qu'un article est publié, il est répertorié dans des banques de données informatisées consultables en ligne et largement accessibles, qui permettent de défricher la masse énorme des informations émergentes *.

Ce système n'est pas parfait. Il a laissé filtrer des fraudes. Les carences du jugement par les pairs ont été maintes fois soulignées. Le pouvoir détenu par les grandes revues généralistes qui opèrent des sélections d'articles selon des critères éditoriaux indépendants de la qualité scientifique est souvent dénoncé comme abusif. Le système et le conformisme qu'il peut induire ne facilitent pas la diffusion des innovations. Mais, dans l'ensemble, ces critiques

---

* Environ deux mille articles par jour sont publiés pour l'ensemble de la biologie.

s'adressent aux modalités de fonctionnement plus qu'aux principes mêmes [21]. Il n'est pas question ici d'idéaliser ce mode de production de l'information mais d'en tirer des repères.

Les journalistes cherchent, eux aussi, à fournir des informations les plus exactes possible. Les principes directeurs en vigueur au sein de l'Agence France-Presse sont remarquablement analogues à ceux qu'appliquent les scientifiques : « Toute dépêche d'agence doit indiquer la source ou les sources de l'information qu'elle apporte. Les sources doivent être aussi précises que possible. Les appréciations, jugements de valeur, commentaires doivent être sourcés au même titre que la relation d'un événement [22]. » Mais cette rigueur semble moins universellement répandue en aval, lorsque les journalistes, pour livrer l'information au public, puisent non seulement dans le fonds commun que constituent les dépêches d'agence, mais utilisent des faits, témoignages et documents qu'ils collectent par eux-mêmes, ou qu'on se charge de collecter pour eux *. Pressés par le temps, les délais de fabrication des journaux, l'urgence réelle ou supposée de l'actualité, une certaine compétition entre les entreprises de presse, bref, immergés dans le monde des « nouvelles », les journalistes vérifient au mieux leurs sources, pratiquent des recoupements, mais des dérapages se produisent. Certains sont mineurs, du moins quant à leurs conséquences **. D'autres sont moins innocents,

---

* Il n'est plus une entreprise, une région voire une administration qui ne dispose d'un service de communication dont l'une des fonctions est de fournir à la presse une information prédigérée, évidemment orientée de façon favorable au commanditaire. La non-prise en charge de la recherche d'informations correspondantes se traduit, pour les entreprises de presse, par une économie de moyens, dont le prix est une perte d'indépendance que certains jugent préoccupante.

** *Libération* (25 novembre 1996) rapporte « l'effet boule de neige d'une bourde médiatique ». Le 18 novembre 1996, le journal de 13 heures d'Antenne 2, puis le journal de 20 heures de TF1, ainsi que LCI, montrent dans un reportage qu'il a neigé sur le Morbihan. *Le Parisien* du 19 novembre décrira la Bretagne touchée par la neige. Il s'agissait, en fait, d'une cassette mal effacée sur laquelle restaient des images de neige

surtout au plan des principes *. Certaines erreurs sont difficilement évitables et toute corporation (celle des journalistes comme celle des scientifiques) peut comporter, par nécessité statistique pourrait-on dire, des escrocs, des fous ou des malades. Mais cela ne soustrait rien à la pertinence de questions touchant à la détection et à la réduction des erreurs et des risques d'erreurs.

Or trois différences méthodologiques apparaissent, que les contraintes de temps propres à l'exercice du métier journalistique expliquent, pour partie, sans les justifier toutes. 1) Contrairement aux scientifiques, les journalistes ne s'obligent pas systématiquement à séparer les faits de l'interprétation. 2) Ils ne fournissent que rarement leurs sources (non confidentielles) et citent peu le travail de leurs confrères. 3) Ils ne sont pas soumis, comme les scientifiques par le canal du jugement par les pairs, à un contrôle de qualité indépendant. Explorons tour à tour les trois pistes ainsi ouvertes.

Séparer, dans l'exposé, les faits de leur interprétation émarge à une tradition scientifique ancienne, particulièrement forte dans la culture anglo-saxonne qui tend, en outre, à limiter le champ des interprétations, qualifiées, péjorativement, de « spéculations » lorsqu'elles s'écartent « trop » des faits, ce dont la culture latine s'accommode mieux. Prendre connaissance des faits avant d'émettre un jugement permet précisément de ne pas pré-juger et d'éviter de tordre les faits pour qu'ils s'adaptent à un moule préconstruit. Le préjugé s'accommode mal des preuves contraires et il est d'autant plus facile de tenir un discours interprétatif pré-

---

datant du 20 février 1996, à la suite desquelles avait été enregistré un reportage, actuel quant à lui, sur les routiers. « Un bel enchaînement de bourdes techniques qui, écrit le journaliste, met au jour les carences de la vérification de l'information à la télévision. »

* On pense à l'interview « reconstituée » de Fidel Castro, diffusée par TF1 le 16 décembre 1991. Les questions avaient été introduites par le journaliste par coupage-collage à partir des images et du son d'une conférence de presse. TF1 argua du fait que les propos étaient exacts. Il ne s'agissait pas moins d'un trucage.

conçu que l'on s'autorise à ne pas produire des preuves de ce qu'on avance, ou à en isoler des bribes – ce qui constitue une trop fréquente et regrettable spécificité du discours politique. Il est important de souligner que l'application stricte du principe de séparation entre faits et interprétation conduit aussi à distinguer les faits des « non-faits ». En d'autres termes, la qualification de « fait » ne peut être attribuée, à la légère, à des « non-événements » ou à des faits en quelque sorte déficients, en raison d'un manque de solidité de la documentation, d'une carence des preuves et, corrélativement, d'un excès d'interprétation. Séparer les faits des interprétations n'est donc pas seulement un exercice de présentation, c'est une astreinte intellectuelle qui influe sur le fond autant que sur la forme. C'est une forme d'exercice spirituel, d'*hygiène de la raison*, qui n'est pas sans impact sur la perception du monde ni sur l'appréhension et la description de la « réalité ».

En deuxième lieu, l'absence quasi générale de références à des sources * contraste singulièrement avec les pratiques du milieu scientifique. Elle a de nombreuses conséquences. Non seulement elle limite les capacités de vérification mais surtout, et plus généralement, elle participe à l'*amnésie* du système médiatique. Ce dernier, aujourd'hui, semble exister si fort dans l'instantanéité qu'il en est presque dépourvu de mémoire. Les informations apparaissent comme des produits de consommation d'existence éphémère et destinés à être ingérés dans l'instant, sans avoir vocation à être réutilisés ni à être ultérieurement reconnus. Les produits d'information sont ainsi à usage unique, comme des mouchoirs en papier. Ils ne sont pas inventoriés dans des bases de données qui autoriseraient leur comparaison, leur exploitation et une certaine reconnaissance. Ignorant l'art antérieur, ils sont ignorés de l'art qui naîtra

* Il s'agit, bien entendu, des sources non confidentielles. La réforme du Code pénal de 1993 en France a reconnu le droit des journalistes à ne pas révéler leurs sources confidentielles à la police ou à la justice.

postérieurement et tombent rapidement dans l'oubli. Combien de faits significatifs, de commentaires pertinents, gisent ainsi dans les cimetières médiatiques ? On cite souvent Camus pour avoir qualifié le journaliste d'« historien de chaque jour », mais cette formule qui souvent flatte les journalistes ne souligne-t-elle pas tout autant le rôle clé qui leur est dévolu que la dissolution même de l'histoire dans laquelle ils baignent au jour le jour ?

Dispensé de citer ses sources et ses références historiques, le journaliste est plus libre dans son exercice de médiatisation. Il est aussi à l'abri d'une certaine forme d'évaluation rétrospective qui pourrait questionner ses méthodes et la qualité de son travail. L'amnésie médiatique sert donc en outre de rempart contre les sanctions : sanctions positives, sous forme d'une reconnaissance objectivée de la qualité de son travail, sanctions négatives qui tendraient à faire remarquer, sinon réprimer les erreurs de faits, les excès d'interprétation, l'absence de preuves, le sensationnalisme injustifié. Parce que le terme de « sanction », par sa connotation répressive *, pourrait provoquer quelque irritation et activer des réflexes défensifs, remplaçons-le par « évaluation ». Les fonctions majeures de l'évaluation ne sont pas la répression mais la vérification et l'amélioration de la qualité. La pratique de l'évaluation conduit à la progression qualitative d'un système. Ses résultats ne sont pas nécessairement tranchants ; ils sont plutôt d'indiquer la direction de l'excellence et de fournir des repères qui facilitent la progression vers le haut. Le système médiatique dans son ensemble souffre d'un déficit d'évaluation tant au niveau des performances individuelles que collectives.

Qualité : voilà qui nous engage sur notre troisième piste. L'exercice du jugement par les pairs constitue le mécanisme majeur – hormis, bien sûr, le regard critique porté sur soi – par lequel s'effectue, dans la communauté

---

* Absente du sens initial qui recouvre aussi bien la récompense que la peine.

scientifique, le *contrôle de qualité*. Il est alors externe, indépendant des producteurs de l'information. Rien de tel chez les journalistes où le contrôle de qualité est effectué soit par eux-mêmes, soit par leur rédaction, donc en interne, au sein de l'entreprise de presse. Mais la notion de contrôle de qualité a une portée beaucoup plus large, précisément définie dans l'industrie où la qualité des produits fait l'objet de contrôles de plus en plus rigoureux. Ils n'auront, évidemment, ni la même ampleur ni la même importance selon qu'ils s'appliquent à du prêt-à-porter, des téléviseurs, des voitures, des produits agroalimentaires ou des médicaments. Dès que la santé du consommateur est susceptible d'être mise en cause, ces contrôles changent de nature : aux impératifs commerciaux s'ajoutent des impératifs éthiques, des problèmes de responsabilité civile et des réglementations nationales et internationales. Dans l'industrie du médicament, des contrôleurs internes à l'entreprise vérifient que toutes les étapes de fabrication sont réalisées de façon strictement homogène et conforme à des cahiers des charges très précisément établis. De surcroît, l'ensemble est contrôlé de façon indépendante de l'entreprise par les autorités sanitaires qui inspectent les installations de production et vérifient les cahiers des charges. Ces autorités de santé, dans tous les pays industrialisés, dépendent de l'État et, aux États-Unis, de l'État fédéral. L'homogénéisation des procédures nationales est en cours dans l'Union européenne. Parce qu'un industriel doit produire en conformité avec les normes des pays dans lesquels il exporte, une entreprise européenne exportant aux États-Unis fera valider ses installations et ses productions non seulement par les autorités européennes mais aussi par la Food and Drug Administration américaine.

Le contrôle de qualité est une discipline complexe qui implique un savoir-faire diversifié et sophistiqué. Il pousse à élever le niveau de technicité. Par exemple, afin de mieux garantir la stérilité des produits injectables, on cherche à limiter la présence physique des opérateurs, porteurs potentiels de germes, dans les salles de production. L'homme n'y pénètre plus qu'en scaphandre et la robotisation fait son chemin. Le contrôle de qualité recouvre de nombreux autres aspects, au plan des procédures et de la formation des personnels. Son coût pèse de façon significative dans l'ensemble du prix de revient. Ce qu'il faut bien comprendre, c'est que le contrôle de qualité constitue aujourd'hui une véritable *culture*, trop souvent ignorée en dehors des sphères industrielles et réglementaires et trop peu connue du grand public. Culture aride, sans doute, fondée sur les contraintes plus que sur la créativité mais qui constitue un pivot de la sécurité et de la minimisation des risques.

Le niveau du contrôle de qualité dépend en quelque sorte du nombre de regards qui, de façon indépendante, se posent sur le processus productif. Le premier regard est celui du producteur qui doit faire preuve d'un professionnalisme et d'une déontologie sans faille. Le second est porté, au sein de l'entreprise de production, par des individus non impliqués dans la production elle-même et donc partiellement indépendants. Un troisième regard peut venir d'instances externes à l'entreprise de production et totalement indépendantes de cette dernière. Pour la production des médicaments ou, à un moindre degré, des aliments, les trois niveaux sont mis en jeu. Dans le monde de la recherche scientifique, deux regards se posent sur l'information : celui des chercheurs qui la produisent et celui des relecteurs anonymes qui, avec les éditeurs, en autorisent la publication. Dans le monde des médias, le seul regard qui opère véritablement – même s'il est pluriel – est celui du journaliste fabriquant l'information et de sa rédaction. En l'absence d'un deuxième niveau, tout le contrôle de qualité repose sur le professionnalisme et la déontologie. Dans la plupart des professions libérales, une déontologie forte est censée pallier l'absence d'autres contrôles de qualité. C'est le cas du corps médical. La qualité d'un médecin est principalement attestée par sa clientèle et sa réputation. Or on ne peut sérieusement prêter à la clientèle une fonction de contrôle de qualité puisqu'elle ne dispose pas des compétences nécessaires à cet exercice. Au-delà de la déontologie, il n'existe aucun moyen évident d'accroître le contrôle de qualité sans faire appel à un regard extérieur. Tel est, me semble-t-il, l'un des problèmes majeurs auxquels le journalisme doit faire face aujourd'hui – comme, sans doute, d'autres activités libérales comme la médecine.

Industriels et consommateurs

Le terme d'industrie de l'information est peu utilisé dans le langage commun. Sans doute les journalistes répugnent-ils, pour la plupart, à considérer le fruit de leur travail comme un bien marchand. Le public, pour sa part, est maintenant habitué, à la télévision surtout, à une quasi-gratuité. Et le vocable d'industrie est encore associé, pour beaucoup, à l'image, aujourd'hui dépassée, de cheminées d'usines fumant dans les banlieues. Pourtant, le secteur industriel englobe aujourd'hui la production de services. Ne parle-t-on pas de produits bancaires ? ou d'industries de la santé ? Or il est intéressant de considérer la production d'information sous l'angle industriel afin, ici encore, de trouver des repères. Car, entre les automobiles, les fromages, les vêtements, les médicaments, les logiciels, les produits d'assurance et les journaux d'information, il existe un trait commun : il s'agit de produire en grand nombre, mais aussi pour le bénéfice du grand nombre, et ce quelle que soit la diversité des consommateurs et des besoins qu'ils expriment. L'industrie n'est plus aujourd'hui un système de production de masse homogène incapable de satisfaire la diversité. Les progrès des outils industriels autorisent une diversification croissante des produits, ce qui permet de satisfaire des groupes de consommateurs de plus en plus spécifiques et restreints (par exemple, dans l'industrie du textile où l'on constate une floraison de matières, de tissus et de dessins ou d'impressions effectués par des machines programmables). Quant à la notion de *bénéfice* pour le grand nombre, elle ne reflète pas un optimisme béat fondé sur les conséquences préjugées positives de prétendus progrès. Bien au contraire, il s'agit de prendre acte du résultat des luttes et du fruit des rapports de forces entre producteurs et consommateurs, au terme desquels ces derniers, par des mécanismes économiques, sociaux et parfois politiques, finissent par imposer ce qui est « bon », moins mauvais ou meilleur pour eux.

Vue sous l'angle industriel, la production d'information révèle plusieurs singularités, au plan de son économie générale, de ses processus de fabrication et de son rapport aux consommateurs. Leur conjugaison me paraît défavorable à la qualité de la production et partiellement responsable du risque informationnel.

⁂

Les progrès des techniques d'impression, puis la télématique, ont induit dans la presse écrite des mutations profondes, tandis que le développement explosif de l'audiovisuel engendrait une situation totalement nouvelle. Pour les radios et les télévisions, l'information ne constitue, le plus souvent, qu'une activité parmi d'autres. Leurs revenus n'en dépendent que très partiellement. La puissance et la facilité de l'image ont conquis une large partie de l'audience. La télévision est devenue dominante, même si la presse écrite parvient, pour l'instant, à faire contrepoids. Or les mécanismes de financement de la télévision et de la radio sont très particuliers. Pour la somme modique d'environ deux francs par jour de redevance télévisuelle, les téléspectateurs français ont accès à des dizaines d'heures de spectacle réparties sur plusieurs chaînes. Autant dire que l'information à la télévision – comme à la radio – est gratuite pour le consommateur. Cela résulte, bien évidemment, des revenus de la publicité. La presse écrite, moins abondée par les recettes publicitaires *, est payante et connaît, au moins en France, quelques difficultés financières.

Le financement de la télévision par la publicité a, au plan de l'information, plusieurs conséquences observables. Puisque la publicité rémunère le taux d'écoute, l'une des fonctions des journaux télévisés, solidement encadrés par des espaces publicitaires bien nourris, est d'appeler la publicité. Ils doivent plaire au plus grand nombre possible et sont organisés comme des spectacles rituels destinés à fidéliser l'auditoire. Or, si l'on peut juger normal que les chaînes recherchent la clientèle la plus large, ce qui pose question, c'est que la mesure de leur satisfaction (par l'audimat) est fondée sur des réactions immédiates. Le problème est le même que pour les sondages qui fournissent des instantanés, des sortes d'émanations brutes de l'opinion, une matière première qui n'a été raffinée ni par les individus questionnés à chaud ni par des corps intermédiaires (associations, syndicats, partis politiques, etc.). Or ceux-ci ont précisément pour fonction de qualifier et de requalifier les opinions dans un processus de réflexion contradictoire, par référence à des édifices logiques préexistants, à une histoire, à une mémoire. La logique des sondages conduit à faire perdre à ces corps intermédiaires leur substance et leur poids et le débat démocratique s'en trouve affaibli. Il en va de même pour la télévision. Plaire, dès lors, peut se confondre avec complaire ; le spectacle peut prendre le dessus sur les faits, et l'émotion sur la raison.

La presse écrite, bien qu'elle soit aussi, mais moins lourdement, soumise à des contraintes publicitaires, constitue un contre-pouvoir essentiel que tous s'accordent, au nom du pluralisme, à vouloir préserver – ce qui justifie des subventions occasionnellement accordées par les pouvoirs

* En 1995, les revenus de la publicité pour le quotidien *Le Monde* (264 millions de francs) constituaient un peu moins de 25 % de son chiffre d'affaires. Les recettes de la publicité représentent 2,33 milliards de francs pour l'ensemble des quotidiens nationaux contre 16,7 milliards pour l'ensemble des chaînes télévisées (*cf.* F. Balle, *op. cit.*).

publics. Pourtant, même si elle se positionne comme complémentaire du système télévisuel, elle est influencée par ce dernier et peut être tentée d'utiliser des procédés analogues pour gagner de l'audience. La presse écrite fait donc souvent écho à la télévision. Il lui arrive d'exploiter ce à quoi les uns et les autres sont maintenant habitués, le sensationnalisme, le plaisir voyeuriste de l'information immédiate, les réactions émotionnelles, l'espèce d'excitation qui se dégage de l'information vécue « en direct ». C'est dans ce contexte que l'on peut interpréter une dérive perceptible d'une partie de la presse écrite qui finit par affaiblir le statut déontologique des plus grands quotidiens.

Dans la presse écrite, le courrier des lecteurs permet aux consommateurs de réagir et de manifester d'éventuels désaccords. Un certain dialogue est possible. Rien de tel à la télévision : le public y est, en quelque sorte, convoqué pour faire partie du spectacle, dans des modes d'expression convenus, sélectionnés par les journalistes (reportages, interviews). Rien de véritablement interactif concernant l'information. Rien qui ressemble à une capacité de réponse ou de critique, à part la liberté de fermer le poste ou de changer de chaîne. La satisfaction de l'auditeur étant mesurée de façon rudimentaire parce que immédiate et globale par le taux d'écoute, l'information télévisée n'a aucune motivation pour laisser une place à la critique réflexive, qu'elle émane d'individus ou de corps intermédiaires, comme des associations de consommateurs. Seuls les partis politiques peuvent s'y faire entendre, mais dans un rapport de dépendance et d'intérêts mutuels peu propice à la sincérité. La gratuité de l'information télévisée a son prix : le consommateur perd largement la liberté d'exprimer son appréciation sur les produits qui lui sont proposés.

Le niveau de financement global de l'industrie de l'information est médiocre [23]. Les dépenses des ménages pour l'information sont modestes. Même en y ajoutant la fraction du financement indirectement fourni par la publicité, on parvient à la conclusion que le budget global dévolu à l'information est largement inférieur à celui de la plupart des produits de consommation courante *. La question est alors de savoir si ce financement est globalement suffisant pour offrir aux citoyens une information de haute qualité. Je pense que la réponse est négative. Une information de qualité a besoin de moyens. Elle a son prix. Les citoyens, habitués qu'ils sont à la subvention occulte de la publicité, *paient trop peu cher* ce qui est, pourtant, essentiel à l'exercice de la démocratie.

***

La fabrication industrielle de l'information, comparée notamment aux industries de pointe, peut apparaître comme un secteur assez peu évolué. Cette situation résulte largement du sous-financement global évoqué plus haut, surtout pour la presse écrite dont les ressources sont insuffisantes par rapport aux enjeux **. En outre, les mécanismes économiques, pervertis en quelque sorte par l'argent facile de la publicité, minimisent le rôle des consommateurs. Or, comme dans tout processus industriel, la combinaison de ces deux facteurs contribue à *affaiblir les contrôles de qualité.*

Supposons, dans une expérience de pensée destinée à ouvrir des pistes de réflexion, qu'un mauvais produit d'information soit considéré comme nocif pour la santé mentale des individus qui le consomment. Nous voici conduits, suivant en cela le langage populaire qui tient que l'on peut être intoxiqué par une information, à dresser un parallèle avec les produits agroalimentaires. La fabrication de ces

---

* Les Français dépensent cent milliards de francs par an pour le tabac. Les chiffres d'affaires des deux grandes entreprises de presse que sont *Le Monde* et l'Agence France-Presse étaient, en 1995, de 1,2 milliard de francs.

** La presse écrite française est globalement en position plus difficile que la britannique et l'allemande dont les tirages quotidiens sont deux à trois fois supérieurs.

derniers est soumise à une série impressionnante de contrôles de qualité dont le public méconnaît le plus souvent l'ampleur et la lourdeur. Les matières premières sont soigneusement répertoriées. Leur qualité est analysée. Toutes les opérations intervenant dans la fabrication et l'emballage sont soumises à des procédures standardisées très détaillées. À l'intérieur des entreprises, des contrôleurs en vérifient l'exécution. Des contrôles externes sont pratiqués par la puissance publique dont des représentants analysent les procédures standardisées, inspectent les installations, délivrent des autorisations. En grande partie, sous la pression des consommateurs, beaucoup de produits sont étiquetés de sorte que les dates de fabrication et de péremption, ainsi que la nature des matières premières, soient accessibles. Fabricants, distributeurs et commerçants qui enfreignent les règles sont exposés à des sanctions administratives, astreints à des amendes et peuvent être poursuivis par les consommateurs. Et cet ensemble de mesures doit encore être considéré comme insuffisant *. Ces contraintes – encore plus élevées dans le secteur pharmaceutique – ne simplifient pas le travail des producteurs et des distributeurs. Mais ces derniers sont poussés, dans un rapport de forces incessant et évolutif, à s'adapter et à trouver les moyens de pratiquer les améliorations nécessaires – y compris pour les produits frais, pour lesquels les contraintes de temps sont importantes. Cette adaptation et ces améliorations ont leur prix mais, au total, les grands bénéficiaires sont les consommateurs à qui ces contrôles de qualité fournissent des garanties considérables.

Si les produits d'information étaient, en raison des risques qu'ils peuvent faire courir à la santé mentale des individus et des collectivités, soumis à des contrôles du même genre, que se passerait-il ? L'élaboration de l'information et sa formulation prendraient en compte des pro-

---

* Si l'on fait référence par exemple à l'importation illicite des farines étrangères dans l'affaire de la vache folle.

cédures normalisées (par exemple, toute information a été vérifiée). Des contrôleurs, à l'intérieur des entreprises médiatiques, en vérifieraient l'exécution (par exemple, la séparation des faits et de l'interprétation). Des instances externes, strictement indépendantes des entreprises de presse, pourraient vérifier le contenu des procédures, la validité des contrôles, la qualité des produits. Sans doute, les produits d'information seraient-ils alors *étiquetés*. Ils le sont déjà un peu (un éditorial est publié comme tel) mais cette pratique pourrait être considérablement développée. L'étiquetage pourrait inclure le nom des auteurs, la source des informations (agences de presse, références à d'autres articles et émissions, etc.) et une indication sur la composition du produit : faits, commentaires, informations qualifiées de « sûres », *i.e.* revérifiées, possibles ou probables, spéculatives ? Cet étiquetage fournirait au consommateur une idée relativement précise du menu composite élaboré à son intention dans un journal écrit ou radiotélévisé. Il ne lui faudrait pas longtemps pour distinguer objectivement un journal attaché au caractère factuel des informations d'un journal d'opinion. La clarté et la bonne foi devraient y trouver leur compte.

Même si on laisse de côté une comparaison qui pourra paraître outrancière, on conviendra que c'est une revendication légitime des consommateurs de demander plus d'informations sur les produits, plus de garanties sur leur sécurité et une qualité accrue. On observe depuis quelque temps que cette demande sociale tend à déborder les produits matériels pour s'étendre aux produits « immatériels » de certaines professions libérales, tels que les prestations médicales. Il doit y avoir place pour le progrès, et l'industrie de l'information pourrait probablement faire bon usage de certaines pratiques industrielles qu'elle n'a pas encore intégrées. Bien entendu, elle a sa spécificité, ses contraintes propres, elle doit gérer l'urgence. Mais l'urgence est relative. La plupart des événements importants s'étendent ou sont commentés sur des jours, voire des semaines ou des mois.

On notera que dans aucune étude de cas discutée plus haut l'instantanéité ne jouait un rôle décisif. Les techniques évoluent, ouvrent des possibilités nouvelles *. Je ne vois aucune impossibilité de principe à rechercher des améliorations dans un champ de contraintes peut-être accru par les exigences des consommateurs, sans que le principe de la liberté de la presse soit enfreint d'une quelconque manière.

***

L'image qui s'impose à moi au terme de ce parcours est celle d'un secteur mal structuré, peu évolué au plan industriel, insuffisamment financé, perverti par les recettes de la publicité, installé dans un espace économique aberrant et œuvrant pour des consommateurs sondés pour leurs réactions immédiates mais presque muselés vis-à-vis de leurs critiques réflexives. Le risque informationnel ne peut qu'être accru par ce désordre. Et pourtant le système paraît stable. C'est que les rapports de forces entre les différents acteurs et opérateurs maintiennent le système à l'équilibre. Au fond, les uns et les autres sont relativement satisfaits. Les chaînes de télévision sont en position de force. La presse écrite, plutôt sur la défensive, survit et se maintient honorablement dans une niche assez bien définie. La profession journalistique au sens large jouit d'une place, d'une considération et d'une certaine puissance fondées, en particulier, sur un rapport de dépendance mutuelle avec les politiques : les uns ont besoin des informations fournies par les autres qui dépendent des premiers pour bâtir leur image et valoriser leurs actions ; les journalistes sont ainsi craints du politique, même au plus haut niveau de l'État. Les consommateurs, quant à eux, sont, surtout pour ce qui est de la télévision, cajolés, flattés, entretenus dans une espèce d'état de

---

* Par exemple, pour la citation des sources factuelles, et l'accès à des dossiers qui occuperaient trop de place, certains quotidiens commencent à renvoyer leurs lecteurs à des sites Internet.

dépendance par une information spectacle facile, agréable, distillée à la façon d'une drogue douce, habilement préparée de façon à créer le sentiment de communier dans l'essence instantanée des choses, sans effort intellectuel, dans une sorte d'espace moyen, convenant au grand nombre, où chacun se retrouve un peu.

Les mécontents ne sont pas trop nombreux et n'ont que peu de moyens de faire entendre leurs critiques. Leurs représentants, dans le monde politique, élèvent parfois la voix, soulèvent quelques hypothèses de réforme, rapidement étouffées. Ne sont-ils pas dépendants des journalistes ? Ceux-ci, de façon bien compréhensible, sont plus enclins à l'auto-évaluation qu'à l'autocritique, et l'on a pu observer, en quelques occasions, la corporation journalistique faire bloc et user de l'outil qu'elle détient pour réfuter toute critique * tout en s'abritant derrière le bouclier de la liberté de la presse. Le système est donc, en quelque sorte, installé dans une homéostase qui le rend largement étanche à toute évolution. Mais cette situation, et les différents acteurs le savent bien, est, à terme, inacceptable. N'a-t-on pas suffisamment souligné la nécessité de disposer de mécanismes d'évaluation dépourvus de liens avec les systèmes productifs ? Ce fut le cas pour l'énergie nucléaire dont les instances de contrôle ont été lourdement critiquées en raison de leur non-indépendance **. Il est maintenant reconnu, et c'est un progrès dans l'exercice de la démocratie, que toute instance d'évaluation digne de confiance doit être dotée d'une indépendance suffisante qui est souvent acquise par l'adjonction, aux experts, de représentants non experts de la société

* Certains allant, lorsqu'il fut question en France en 1996-1997 de remettre en cause certains avantages fiscaux, jusqu'à menacer de ne plus parler des députés qui voteraient ces dispositions.

** Particulièrement évidente après l'accident de Tchernobyl. Pendant trois jours, mystérieusement, le nuage radioactif s'était arrêté à la rive droite du Rhin. Les autorités allemandes publiaient des chiffres montrant, à Kehl, une forte augmentation du niveau de radioactivité ambiant, alors que le service *ad hoc* du CEA déniait que ce niveau ait augmenté à Strasbourg.

civile. Le système médiatique ne pourra longtemps échapper à ce principe général.

Mais ses modalités d'application devront respecter l'indispensable liberté de la presse. Or cela impose que cette fonction de surveillance ne soit pas assurée par l'État. C'est donc aux citoyens qu'il appartient d'opérer. La boucle est alors bouclée : une démocratie dont les membres n'auraient pas suffisamment de sens civique pour poser les actes que leur condition de citoyen suppose courrait le risque de mal évoluer. Des analystes constatent aujourd'hui un déplacement, que certains encouragent, de la liberté d'expression, seule inscrite dans les textes constitutionnels, vers un *droit à l'information*. Ce dernier serait fondé sur la nécessité pour les citoyens de disposer d'une information convenable afin de jouer leur rôle démocratique. Dans cette logique, le débat sur les médias doit être raisonné de façon non plus binaire (un rapport entre l'État et les médias) mais ternaire, comme une interaction entre l'État, les médias et les citoyens. Comme le souligne fort bien Daniel Cornu [24], tout droit suppose un devoir et le droit à l'information implique l'obligation, pour les citoyens, de s'informer. « La liberté de la presse, note-t-il, a pour principal objectif de réaliser dans et pour la société un espace public et d'en assurer le bon fonctionnement. [...] L'invocation autoréférentielle de la déontologie n'est pas conforme à l'exigence de mise en débat public. [...] Des associations d'usagers concurrentes structureraient mieux que les réactions du marché, mieux que l'addition d'avis isolés opérée par les sondages, une opinion publique. » La voie paraît assez claire. Elle n'est d'ailleurs pas neuve. Des associations de consommateurs ou d'usagers n'ont-elles déjà pas fait la preuve de leur efficacité ? Il suffit d'envisager sous cet angle le rôle des associations antiracistes ou écologistes. Sans mobilisation citoyenne, sans une prise de conscience et un mouvement collectifs, les équilibres actuels ont peu de chances d'évoluer vers un mieux de la démocratie.

Science et médias

Venons-en, de façon plus spécifique, à l'information scientifique et technique. Il existe un certain nombre de revues dites de vulgarisation qui, de façon souvent remarquable, fournissent à un public plus ou moins spécialisé des synthèses scientifiques et techniques d'actualité. Mais qu'en est-il des grands médias, du grand public et de l'insertion des faits de science dans l'information des citoyens ? Le souci d'informer ces derniers de façon un peu systématique dans des domaines réputés difficiles à communiquer est relativement récent. Il correspond à une demande réelle bien que modeste mais croissante du grand public, plus sensible aujourd'hui qu'hier aux réalisations de la science et de la technique, réalisations qui lui sont abondamment montrées à la télévision sans qu'on lui en explique beaucoup les fondements. Il est vrai que la science et les médias ont longtemps vécu à l'écart, entretenant des relations parfois difficiles et souvent ambiguës.

Vu par les médias, le système scientifique peut apparaître comme une forteresse défendue aussi bien par les difficultés inhérentes au langage et aux discours scientifiques que par sa structure même et par un manque évident de désir de coopérer *. Le système de production de l'information scientifique, soumis à la règle impérative du jugement par les pairs, n'est pas compatible avec l'instantanéité de l'information recherchée par les journalistes. Comme ce processus de validation peut durer plusieurs semaines voire plusieurs mois, certains estiment que le public est frustré d'informations importantes pendant cette période. Les scientifiques arguent du fait que le non-respect de cette vali-

* On pourra lire à ce sujet les analyses critiques, toujours actuelles, de Jean-Marc Lévy-Leblond dans *L'Esprit de sel. Science, culture et politique,* Paris, Fayard, 1981, Seuil-Points, 1984.

dation ouvre la voie à tous les abus : d'une part, les informations diffusées pourraient se révéler inexactes, de l'autre la quête de notoriété par des scientifiques avides de publicité pourrait interférer avec le respect de la priorité des découvertes et donc nuire à d'autres scientifiques qui n'auraient pas choisi de marquer des points sur le terrain médiatique. Dans la pratique, l'expérience a montré que la publication d'informations non validées par les mécanismes habituels de la communauté scientifique était une source constante d'erreurs et de dérapages. Beaucoup de journalistes ont donc choisi de se conformer à la règle scientifique et de ne pas solliciter d'informations scientifiques non publiées – sollicitations auxquelles nombre de scientifiques se prêtent avec complaisance, quand ils ne les provoquent pas de façon délibérée *.

Les scientifiques quant à eux sont souvent réservés vis-à-vis des médias. La communauté scientifique, très ouverte au plan international, est assez fermée sur elle-même. De même que la corporation des journalistes n'accepte pas facilement la critique externe, la communauté scientifique tend à régler ses problèmes en interne, utilisant sa dimension internationale comme garant d'une certaine objectivité.

---

* Un exemple est celui de la vraie fausse découverte du deuxième récepteur du virus HIV-1 rapportée par une équipe pasteurienne au Colloque des Cent Gardes de 1993. Pour pénétrer dans les cellules, le virus HIV-1 utilise un premier récepteur porté par ces dernières, une molécule appelée CD4. Un faisceau d'arguments laissait penser qu'il devait exister un deuxième récepteur. Avant même que la présentation en ait été faite au colloque – et, *a fortiori*, avant toute publication écrite –, les auteurs avaient livré, d'abord au journal *Le Monde* puis à l'Agence France-Presse, l'information selon laquelle une molécule, nommée CD26, avait été identifiée comme étant ce deuxième récepteur. Elle fera les gros titres du *Monde*, du *New York Times* et de l'*Evening Standard* de Londres, tout autant que l'objet de critiques directes dans *Nature* (*366*, 1993, 6) et de commentaires négatifs de nombreux scientifiques. En outre, malheureusement, les résultats présentés au colloque ne furent pas jugés pleinement convaincants. La publication scientifique eut bien lieu quelques mois plus tard, mais d'autres équipes ne purent reproduire les résultats. L'identification du deuxième récepteur – plus exactement d'une deuxième famille de récepteur – eut lieu en 1995, largement à la suite des travaux de R. Gallo et de ses collaborateurs.

Chacun sait pourtant que des fraudes peuvent se produire, que les mécanismes d'évaluation sont faillibles, mais les scientifiques ne sont pas désireux de dévoiler leurs faiblesses et tentent souvent de se retrancher derrière un angélisme de principe, la recherche étant tenue pour être *a priori* noble et désintéressée. Au-delà de cette attitude défensive, les scientifiques sont volontiers critiques vis-à-vis des méthodes journalistiques. Ils craignent avant tout que leurs messages ne soient dénaturés, que les faits et les idées ne soient trop simplifiés ou sacrifiés au sensationnalisme.

Il est vrai que la communication scientifique n'est pas chose facile. Les chercheurs doivent se plier aux règles du journalisme, simplifier leur langage, faire passer la clarté avant l'exactitude du détail. L'exercice est particulièrement délicat à la télévision où il faut délivrer dans un temps bref des messages compréhensibles par le grand nombre. Les hommes de science éprouvent souvent une double frustration : celle de devoir, presque toujours, justifier un progrès de connaissance par une application qui prend le pas sur la connaissance elle-même (la découverte d'un gène intervenant dans la division des cellules est quasi automatiquement présentée comme un progrès possible pour la thérapie des cancers). Et celle, plus subtile, de devoir promouvoir des certitudes déshabillées du doute dont presque toute découverte est nécessairement entourée (tant qu'elle n'a pas, notamment, été recoupée de façon indépendante, mais elle a alors perdu l'attrait de la nouveauté). L'expression du doute, pourtant essentiel dans la démarche scientifique, n'est compatible ni avec la brièveté de l'information ni avec l'attente d'un public plus avide de certitudes simples que d'interrogations compliquées. Au total, il faut aux chercheurs un certain métier, un certain professionnalisme, pour communiquer convenablement. Certains sont spontanément aptes et font preuve d'un talent immédiat. D'autres apprennent, plus ou moins difficilement. Beaucoup s'y refusent. On comprend que les journalistes ayant identifié quelques bons communicateurs aient tendance à faire appel à eux fréquemment. On comprend aussi que certains scientifiques se trouvent engagés sur la voie de la médiatisation et d'un vedettariat excessif, et pas toujours à leur corps défendant. S'ils sont mus par un appétit de notoriété et de pouvoir, au lieu d'être au service de l'information, ils sont, à l'inverse, en mesure de la manipuler.

Quelques scientifiques savent manier les instruments de communication mais, aujourd'hui, tous les acteurs de la recherche, et surtout les acteurs institutionnels, s'en préoccupent. Leur objectif ne consiste pas seulement à fournir au public une information « désintéressée ». Il est aussi de promouvoir une image, ou de récolter des fonds. Les universités, les grands instituts de recherche hébergent des services de communication. Les fonds caritatifs, dont l'importance a beaucoup augmenté *, sont récoltés grâce à des quêtes, discrètement compétitives, et fondées sur des campagnes de communication à forte composante scientifique. Les entreprises apparaissent désormais soucieuses de communiquer au plan de leur recherche. Les petites entreprises de haute technologie (pour la biologie, les « biotechs ») constituent une pléthore de nouveaux venus, avides de faire connaître les résultats de leurs travaux ; leur survie en dépend parfois, surtout au stade des introductions en bourse où l'appréciation du public, au-delà des avis des institutions financières, peut avoir un impact direct. Au total, l'information ne manque pas, elle est même surabondante. Mais tout concourt à livrer une information centrée sur les applications plutôt que sur la connaissance, sur la technique plutôt que sur la science.

Pour gérer et diffuser cette masse croissante d'informations et dialoguer avec un nombre grandissant d'informateurs, les médias se sont dotés de services spécialisés. Alors qu'aux États-Unis, la première agence de presse scientifique, Science Service, vit le jour en 1921 [25], c'est dans les

* Depuis 1990 environ, dans le domaine des sciences de la vie, ces fonds dépassent largement, en France, le milliard de francs par an.

années 1970 qu'en France le métier de journaliste scientifique a véritablement trouvé sa place dans les rédactions. Dotés d'une solide formation, souvent anciens physiciens, médecins ou chercheurs reconvertis au journalisme, les journalistes scientifiques doivent couvrir de vastes domaines de la science et de la technique. Ils y parviennent souvent de façon remarquable lorsque l'on prend la mesure de la masse énorme d'informations à laquelle ils sont confrontés – masse beaucoup plus importante que celle gérée par un scientifique œuvrant dans son domaine spécialisé. Pour ce faire, ils sont bien évidemment dépendants de contacts dans le monde scientifique, ce que certains journaux ont préféré organiser en nouant des alliances avec des revues scientifiques généralistes *. Cela étant, le poids des journalistes scientifiques au sein des rédactions est à la mesure de la place qu'occupe la science dans l'information, c'est-à-dire assez peu élevé.

Moins le public est cultivé, plus l'information scientifique et technique qui lui est destinée doit être formatée de façon élémentaire et simplifiée, plus elle sera gauchie en direction des applications et moins le niveau culturel du public en matière scientifique aura tendance à s'élever. Cette logique circulaire conduit à une sorte d'équilibre impropre à une évolution rapide en direction d'une meilleure acculturation. Celle-ci ne peut être obtenue que par le biais du système éducatif qui touche surtout les plus jeunes et par une volonté délibérée d'accroître la part faite à la science dans les grands médias. C'est ce que réclament, dans presque tous les pays, beaucoup de corps constitués (par exemple les Académies des sciences), visant surtout la télévision – la presse écrite ayant souvent fait des efforts notables. Mais l'information scientifique manque globalement de moyens. L'actuelle logique de marché, qui nivelle l'audience par le nombre, ne lui est pas favorable, dès lors

* C'est ainsi que *Le Monde* a conclu une alliance avec la revue britannique *Nature*.

que la demande, bien que croissante, n'intéresse encore qu'une minorité. Pourtant, on ne peut à la fois constater que les avancées de la science et de la technique constituent des enjeux de société majeurs et négliger l'information des citoyens. Et si l'information scientifique et technique est comprise comme une des composantes importantes de l'information nécessaire à l'exercice de la citoyenneté, il est essentiel de prendre la mesure de ses faiblesses et de se doter des moyens de la renforcer *.

* Il reste quelque chemin à parcourir si l'on en croit des sondages sur les connaissances scientifiques de base. L'un d'eux, rapporté par *Le Figaro* (27 janvier 1997), indique qu'un Français sur quatre ignore que c'est la terre qui tourne autour du soleil et non l'inverse. Un sur deux sait que l'eau est composée d'oxygène et d'hydrogène. Un sur trois sait que le prion est une protéine mais 41 % déclarent ne pas savoir de quoi il s'agit, 18 % pensent qu'il s'agit d'un papillon rare et 6 % d'un missile sol-sol.

Chapitre VIII

INNOVATION ET GESTION DES RISQUES

Si nous récapitulons les études de cas analysées plus haut, nous apercevons bien que les dérapages observés trouvent, non pas une, mais des explications, et cela sur plusieurs plans. Au niveau des hommes tout d'abord : nous avons relevé quelques erreurs commises par des journalistes, mais on remarquera que chaque fois il s'est trouvé, dans le milieu scientifique ou médical, des hommes pour induire ou entretenir l'erreur médiatique. Au niveau des structures, ensuite : c'est ce que nous avons abordé dans le chapitre précédent. Enfin, il reste un troisième niveau : celui de l'intégration des flux d'information entre les acteurs. Les informations transitent entre la sphère scientifique et les médias qui les « traduisent » pour le grand public. Dans le même temps, les médias sont à l'écoute de ce dernier, rendent compte de ses réactions et des opinions qu'ils contribuent par ailleurs à former, et ne se privent pas de prendre eux-mêmes position. Les contacts directs entre la science et le public sont rares. Cela peut évoluer et on peut imaginer que se développent des modes de transmission directs de certains savoirs ou savoir-faire de la sphère scientifique et technique en direction du public *. En l'état, ce

---

* Des hommes de science ont toujours communiqué directement avec le public comme en témoignent les conférences publiques, pronon-

sont bien les médias qui constituent le point de passage quasi obligé de toute information destinée au grand public.

Cette intégration des flux d'information, y compris des réactions du public, joue un rôle clé dans la constitution d'opinions dominantes qui peuvent, faute de remises à jour critiques, se fossiliser en préjugés individuels et collectifs. Le phénomène est évidemment fort complexe, et je n'ai pas pour projet d'en traiter tous les aspects. Ainsi, les composantes culturelles jouent, à l'évidence, un rôle important. Elles sont moins manifestes au plan de la science et de l'institution scientifique, qui sont fortement internationalisées, qu'au plan des pratiques journalistiques [1] et des opinions publiques. Elles renvoient à l'histoire, aux révolutions industrielles, à l'évolution des systèmes économiques et politiques, à l'émergence du journalisme scientifique, etc. Il y a là un vaste champ d'analyses dans lequel je ne pénétrerai pas. J'ai choisi, à l'inverse, de privilégier ce qui me paraît constituer un trait commun dans l'étude des cas précités et revêtir, par conséquent, une certaine généralité. Il s'agit de la mise en cause, explicite ou implicite, ouverte ou larvée, de la science et de la technique. Celle-ci traduit une inquiétude et un pessimisme latents qui souvent s'expriment sous la forme d'un préjugé négatif. Ce questionnement possède, lui aussi, de multiples ramifications. Parce que c'est au nom des risques qu'elles font encourir à l'homme et à l'environnement que science et technique sont le plus souvent interpellées, c'est sur le problème des risques associés à l'innovation que je concentrerai l'analyse.

---

cées dans la rue ou dans les « pubs » dans l'Angleterre du XIXe siècle, ou le principe même de l'enseignement du Collège de France qui est ouvert à tous. La rédaction, par les scientifiques, d'ouvrages destinés au grand public constitue un autre mode de communication directe. Les nouveaux moyens électroniques pourraient jouer à l'avenir un rôle important. Le site Internet le plus consulté en 1997 a été celui de la NASA qui diffusait des informations et des images sur l'exploration de la planète Mars par le robot qui y avait été déposé.

La science et la technique en position d'accusées

On observe, à propos de la biologie et de ses applications, plusieurs types d'attitudes dont trois me paraissent prévaloir. La plus répandue, et qui, d'une certaine manière, est la mienne, est empreinte d'un optimisme raisonné. Comment et pourquoi ne pas manifester un peu de bonne humeur lorsque le champ de connaissances s'accroît et dévoile de nouveaux horizons ; que les possibilités de les exploiter utilement, y compris pour la santé de l'homme, objectif peu critiquable s'il en est, sont nombreuses ; et que les risques associés paraissent plus hypothétiques que réels et, en tout état de cause, contrôlables ? Un deuxième courant, sans doute moins bruyant aujourd'hui qu'il ne le fut hier, glorifie à l'envi les résultats et les potentialités de la science et de la technique. Ces discours de puissance, d'inspiration scientiste et techniciste, qu'ils soient tenus par des scientifiques ou par d'autres, ne peuvent manquer de susciter des réactions d'irritation et d'inquiétude. Ils comportent des risques de dérive idéologique sur lesquels je reviendrai. Enfin, une troisième attitude, qui se nourrit pour partie d'une opposition légitime aux discours scientistes et technicistes, repose sur une sorte de pessimisme qui s'exprime sous des formes diverses, allant du simple avertissement jusqu'à l'anathème.

Un groupe de scientifiques appelle à la vigilance : « La recherche, qu'elle soit dite " fondamentale " ou " appliquée " est orientée par des choix économiques, sociaux, sanitaires ou militaires... la science entre en conflit avec la nature, la culture et les personnes. Ainsi, sauf à être contrôlée et maîtrisée, elle fait courir des risques graves à l'environnement, aux peuples et aux individus. [...] Les notions de subjectivité, d'intimité, de secret, sont battues en brèche par des disciplines scientifiques de plus en plus indiscrètes qui, à défaut de tout comprendre, prétendent tout mettre en lumière [2]. » Le ton est mesuré mais la notion d'« indiscrétion » de la science mérite d'être relevée. Là, ce sont les techniques de fécondation *in vitro* qui offrent un déversoir à l'inquiétude. « Que le grand livre du monde menace de périr sous les assauts du désir de savoir, c'est ce que ne cesse de montrer l'histoire contemporaine. Que la science aujourd'hui soit travaillée par la tyrannie de l'Autre comme question, c'est ce dont elle fait l'aveu dans le mouvement qui conduit au clonage et à la parthénogenèse. [...] Nous avons à comprendre pourquoi nous fabriquons un monde où les embryons sont froids et les cadavres chauds. Faute de quoi, et sous couvert de modernité, nous risquerions d'aborder en des temps inconnus et gothiques où le gouvernement de la science masquerait mal le gouvernement de pulsions [3]. » Comment ne pas rappeler ici les errances intellectuelles déjà mentionnées (*cf.* chapitre III) de ce groupe de juristes qui demandait que l'on ne « poursuive une cartographie du génome humain qu'avec beaucoup de prudence, sans précipitation, en se fondant sur une approche des grandes maladies et non sur un souci de connaissance pure » ; ou encore les appels de Jacques Testart à arrêter certaines « recherches » ? « La preuve concrète apportée par la démonstration, dans le champ des possibles, transforme la conception même que nous avons de l'éthique ; ainsi le technicien d'aujourd'hui influence-t-il les philosophies de demain. Il en résulte que, pour être efficace, le contrôle social ne peut pas s'exercer au niveau de l'application des recherches mais à celui de leur production. » Et, plus loin : « Procréations assistées, technologies industrielles ou agricoles, informatisation procèdent d'une religion commune qui est la religion du progrès technique. [...] L'innovation n'a pas pour réel moteur la recherche proclamée du bien-être et c'est ce qui rend irrémédiable la marche en avant [...] J'appelle à un moratoire révolutionnaire sur l'idée même de progrès, à une convergence sur la non-prolifération des exploits [4]. » Pour l'écologie radicale, la science et la technologie sont en train de dévaster la planète. Lisons Hans Jonas : « Aujourd'hui, il commence à devenir effroyablement clair que le succès biologique non seulement met en question le succès économique, qu'il ramène donc de la fête fugitive de la richesse au quotidien chronique de la pauvreté, mais qu'il risque également de conduire vers une catastrophe aiguë de l'humanité et de la nature, et cela dans une proportion gigantesque. [...] Combien de morts et de génocides accompagneront une telle situation du sauve-qui-peut [5] ? » À sa suite, d'autres se font les promoteurs de visions catastrophiques où tout, depuis la télévision jusqu'aux ordinateurs, en passant par les progrès désastreux de la biologie, conspire à la perte de l'homme et du monde.

Comme souvent, ce qui provoque l'inquiétude est vécu comme une source de mal. Ainsi, « le génie génétique, note François Jacob [6], est devenu l'objet de l'accusation la plus grave portée à l'encontre de la science : donner aux biologistes le pouvoir d'avilir et d'asservir le corps comme l'esprit humains ». Ce que Dominique Lecourt [7] analyse en ces termes : « L'expérience de la vie des hommes en société nous enseigne que leur pente la plus ordinaire consiste non à prendre appui sur les connaissances nouvellement produites afin de tenter d'inventer de nouvelles valeurs correspondant à un accroissement d'être, mais au contraire, en cas de péril, à s'arc-bouter sur les valeurs existantes par invocation d'un mal radical. [...] Les progrès des sciences du vivant viennent sur le terrain médical de leurs applications remuer les grandes énigmes et fouetter l'imaginaire occidental. Une nouvelle idée moderne du mal radical prend corps. »

⁂

Dans ce concert de voix qui interpellent la science et la technique, l'écologie occupe une place particulière. Le questionnement écologiste a fait maintes fois la preuve de son utilité, mais l'écologie possède plusieurs visages. Elle inclut tout autant une discipline et des activités scientifiques organisées et exercées de façon « normale » que des mouvements contestataires qui réfutent précisément cette norme. Elle recouvre aussi une nouvelle catégorie de philosophies de la nature dont Hans Jonas a fourni une des mises en forme les plus explicites [8]. Elle a pris, en France et en Europe du moins, une dimension politique ; elle a ses élus, ses députés. Mais l'écologie, ou plus exactement la fraction « contestataire » de l'écologie, n'est pas, tant s'en faut, le seul vecteur de la critique systématique de la science et de la technique. On a entendu, à propos de la procréation médicalement assistée, des progrès de la génétique ou du drame du sang contaminé, bien d'autres voix s'élever. Mon propos n'est pas de les recenser toutes, mais de mieux identifier les accusations portées contre la science et la technique, au premier rang desquelles figure le savoir lui-même.

Les mythes porteurs de la diabolisation du savoir, bâtis sur la transgression des « limites » du savoir, abondent et Faust n'a certainement pas fini d'inspirer écrivains, dramaturges, musiciens et poètes. La plupart des grandes religions sont, à un moment ou un autre, entrées en conflit avec le savoir scientifique. Le problème reste actuel. Par exemple, s'il semble que la religion catholique ait maintenant réglé ses comptes avec la théorie de l'évolution, on ne peut en dire autant de la religion islamique qui mettra sans doute encore quelque temps à pleinement l'accepter. De façon générale, un savoir nouveau est généralement refusé lorsqu'il transgresse des préjugés ou des convictions, surtout si ces dernières relèvent de principes transcendants, religieux notamment. C'est pourquoi il est important, comme nous le verrons plus bas, d'expliciter la dimension théologique de certaines philosophies naturelles et de prendre la mesure des fondements véritablement religieux de certaines attitudes écologistes.

On reproche aussi à la science, et surtout à ses applications dans le champ de la technique, leur pouvoir sur les êtres. Ainsi, l'homme, pris comme objet par la biologie, serait « chosifié », maltraité parce que nié dans son essence. Cette critique n'est pas étrangère à celle qui est formulée à l'encontre d'une médecine trop mécanisée où la singularité de l'individu est perdue. Cette revendication identitaire n'est pas neuve. De façon intéressante, on notera que les progrès de la génétique moléculaire permettent d'envisager une médecine de plus en plus adaptée aux caractères spécifiques de chaque individu – ce qui n'écartera pas une déshumanisation de la médecine, si les rapports entre les thérapeutes et leurs patients sont rendus plus distants encore par la multiplication des mesures et des instruments. Mais, au-delà de l'homme, c'est souvent la nature tout entière qui est englobée dans cette critique du « faire » de la technique et du « savoir » de la science. La nature est maintenant décrétée « asservie », « opprimée », dans un discours anthropomorphique qui la décrit comme esclave de l'homme.

Un troisième type de grief, de plus en plus souvent invoqué, ne concerne pas le présent mais l'avenir ; il n'est pas adressé au réel mais au potentiel. Il s'exprime dans la notion de *risque*, d'anticipation du danger. Ce sont alors moins les connaissances et les réalisations contemporaines qui posent problème que leurs projections en direction du futur : une brebis clonée fait redouter l'émergence d'une armée de clones humains asservis, et un maïs transgénique un désastre écologique incontrôlable. L'insistance de cette inquiétude est à la mesure de l'accroissement de la puissance de la technique et de la mondialisation de ses effets *. On a pu observer les ravages des guerres et le pouvoir destructeur des armes atomiques. On a pris conscience des limites des ressources naturelles de la terre face aux explosions démographiques dans les pays en voie de développement. On s'est convaincu du caractère planétaire, et non seulement local, de certains problèmes d'environnement. La

* Alors que par ailleurs les rêves d'évasion de la planète et de colonisation d'autres lieux de l'espace se trouvent fortement rabattus par la non-découverte (pour l'instant ?) de formes de vie extraterrestre.

notion de risque et la volonté de prévoir les conséquences des actions humaines sont désormais l'objet d'une préoccupation sociale dominante.

*
**

À partir de ces trois ordres, le *savoir*, le *faire* et le *risque*, s'est élaborée une forme de réfutation globale construite sur la notion que le savoir et le faire sont désormais indissolublement liés. La science ne serait plus que technoscience. Elle serait asservie à la technique, voire indiscernable de cette dernière. Cette association pourrait être d'autant plus désastreuse que la technique est intrinsèquement liée aux forces de l'argent et du grand capital [9], ainsi mis en position de contrôler la production des connaissances. Cette ligne de pensée peut aller jusqu'à recouvrir une critique politique forte : science et technique seraient hors de contrôle, et les démocraties incapables de gérer l'avenir des hommes.

Qu'en est-il ? Il faut d'abord s'entendre sur le sens des mots. La « science » est censée produire des connaissances alors que la « technique » engendre des artefacts. La séparation est moins nette qu'il n'y paraît, car il arrive qu'en produisant des artefacts la technique engendre des connaissances nouvelles, empiétant de façon en quelque sorte involontaire sur le champ de la science *. Pour éviter de s'égarer dans des ambiguïtés sémantiques et conceptuelles **, il me

---

* Pour certains, la technique, contrairement à la science, ne ferait pas intervenir de schéma théorique préalable qui fonde son efficacité finale. Selon cette analyse, la technique serait, en quelque sorte, innée ; elle remonterait aux origines de l'homme et aurait éclos dans toutes les civilisations. La science, pour sa part, ne serait née qu'avec la civilisation grecque, en coïncidence avec l'invention de la démocratie, avec l'émergence de schémas conceptuels et d'un langage mathématique capables de décrire avec une certaine généralité les phénomènes naturels et d'en dégager des lois. *Cf.* L. Wolpert, *The Unnatural Nature of Science*, Cambridge, Massachusetts, États-Unis, Harvard University Press, 1993.

** Par exemple, l'instrumentalisation croissante de la science ne signe pas son envahissement par la technique tant que la technologie est au service d'une recherche de connaissance. Si la recherche de nouvelles

paraît plus efficace de distinguer entre les connaissances scientifiques, issues de la science et de la technique, et les artefacts, issus de la technique inspirée par la science. Connaissances et artefacts sont produits dans des sphères socioprofessionnelles distinctes, mais interconnectées et partiellement chevauchantes. Quant à la notion de techno-science, elle renvoie à la recherche de connaissances mise au service de la production d'artefacts.

La technoscience a toujours existé et, plutôt que d'opposer la science et la technique, mieux vaut reconnaître l'existence d'un continuum qui va du « savoir » au « faire » et qui inclut la science, la technoscience et la technique. Loin d'attribuer à la technoscience une connotation péjorative, il faut, à l'inverse, lui restituer sa fonctionnalité et lui reconnaître un rôle capital dans l'élaboration des connaissances « utiles ». Pasteur faisait-il autre chose que de la technoscience en démontrant la faisabilité de la vaccination antirabique ? La médecine dans son ensemble, depuis qu'elle a droit à l'épithète de scientifique, est-elle rien d'autre qu'une technoscience ? Dans la biologie contemporaine, on constate l'importance croissante d'activités et de productions émargeant à la technoscience dont témoignent la poussée des biotechnologies et les investissements massifs dont elles sont l'objet. Toutefois, l'expansion du secteur technoscientifique ne s'est pas faite aux dépens de l'activité scientifique *stricto sensu* qui n'a cessé de croître en volume. On ne saurait donc prétendre que la biologie tout entière a versé dans la technoscience. En revanche, si l'effort de recherche est très soutenu en biologie, c'est bien parce qu'on espère qu'une fraction des connaissances nouvelles s'avérera utile et nourrira la technoscience. Où est le mal ?

Bien entendu, même les plus critiques ne contestent pas l'utilité de certains produits issus de la technoscience.

---

particules élémentaires requiert des technologies hautement sophistiquées, elle se situe néanmoins dans le champ de la science et non dans celui de la technique.

Ce qu'ils redoutent, c'est l'exploitation quasi automatique des résultats de la science, ou son arraisonnement par des forces aveugles ou mauvaises. Pour serrer d'un peu plus près la réalité, il faut prendre en considération le fait qu'il existe plusieurs écrans qui distancient la connaissance de son exploitation. Toute mise en application requiert une série d'actions successives qui toutes sont susceptibles d'une certaine forme de contrôle. Si l'émergence des connaissances nouvelles est, par nature, largement imprévisible, leur traduction en artefacts n'est pas automatique et fait intervenir des choix. Toute expérimentation sur l'homme est d'ordinaire sévèrement contrôlée. Enfin, le passage à grande échelle est lui aussi, le plus souvent, réglementé et, en tout état de cause, réglementable. On n'imagine pas qu'un nouveau médicament soit mis sur le marché sans avoir obtenu les autorisations nécessaires ou qu'on aille cloner des hommes en série sans avoir obtenu, d'une manière ou d'une autre, un accord populaire. Mais, rétorquera-t-on, ces assertions sont naïves. Elles sont mises en défaut de deux manières : d'abord par des actes individuels, possiblement uniques, mais irréversibles, commis avant la mise en place de réglementations adaptées ; ensuite, par la délinquance, par le banditisme technologique, individuel, maffieux ou étatique. La notion d'acte individuel irréversible suppose une puissance démesurée de l'homme ; elle renvoie à des craintes mythiques, qui de façon régulière ont toujours été invalidées dans les faits. La délinquance est le vrai problème : la drogue circule partout dans le monde, le trafic de faux médicaments est en augmentation *, des stocks d'armes chimiques et bactériologiques persistent dans divers pays et tout cela en dépit des règlements nationaux

* Ce trafic représenterait douze à dix-sept milliards de dollars, soit 6 % du chiffre d'affaires de l'industrie pharmaceutique. Il s'agit d'une activité maffieuse implantée pour partie dans les pays industrialisés, dont les conséquences peuvent être criminelles. En 1995, de faux vaccins contre la méningite, dans des emballages contrefaits, ont été distribués au Nigeria (*cf. ACIP Magazine*, juin 1997 ; *Le Figaro Magazine*, 13 décembre 1977).

et internationaux auxquels ces mêmes pays peuvent avoir souscrit. Si l'on doit s'inquiéter, ce n'est pas, me semble-t-il, de l'incapacité à mettre en place des contrôles, ce que nos systèmes démocratiques ne font pas si mal, même s'ils peuvent ou doivent s'améliorer sur ce point ; c'est de la médiocre efficacité de ces derniers, surtout à l'échelle internationale.

Si on gomme les différences qui séparent la science, la technoscience, la technique et l'exploitation de la technique, en unifiant, dans une simplification grossière, le processus qui mène de la connaissance à son utilisation de masse, on parvient à se représenter une machine scientifique possiblement folle, œuvrant hors de tout contrôle au service d'un délire démiurgique. On en arrive alors à une sorte de fatalisme du progrès comme du désastre. Mais on globalise simultanément la responsabilité des erreurs, des échecs et des fautes, pour en reporter une partie, et pourquoi pas la totalité, sur la science, devenue le bouc émissaire des maux de l'humanité, tandis que les décideurs sociaux et la démocratie se trouvent *de facto* déresponsabilisés. On décrète la démocratie impuissante à résoudre des problèmes essentiels pour l'homme, en raison soit de l'aliénation collective des citoyens par la technique, soit de l'existence de forces capitalistiques supérieures qui l'exploiteraient et la manipuleraient.

Peurs, risques et principe de précaution

Cette négativité, ce pessimisme traduisent des inquiétudes et des peurs et expriment, au premier chef, la crainte que la science et la technique n'envahissent tout. Il est vrai que la place de la science et de la technique dans nos sociétés demande à être sans cesse mieux ajustée et plus discutée. À cet égard, Pierre Legendre nous adresse cet avertissement éclairé, que je reprends à mon compte dans un contexte élargi * : « L'omnivision, le branchement de tout avec tout est sous-tendu par un délire de maîtrise totalisateur qui vise la disparition du manque, donc du désir. On veut tout mettre en lumière, mais l'humanité a besoin de l'ombre pour échapper à la folie. Il faut espérer que ces nouvelles technologies inventeront leurs propres genres poétiques [...] qu'elles instaureront leur propre régime de fiction pour sortir de l'actuelle dérive scientiste. La dérive qui nie que dans toute gestion des comportements, même les plus techniques ou les plus triviaux, il entre une part de pathétique. »

Si certains jugent la science trop « indiscrète », c'est peut-être parce que des discours scientistes, à force d'en vanter la puissance et les mérites, tendent à accréditer l'idée qu'elle peut tout expliquer. Ce que nul aujourd'hui, hormis peut-être quelques impénitents, ne croit. Qui défend encore l'idée que la science pourrait prouver l'existence ou l'inexistence de Dieu ** ? Tout au plus introduit-elle des contraintes, parfois sévères, dans l'interprétation des textes sacrés [10]. On remarquera néanmoins qu'en dehors de toute perspective scientiste, la science, tout en décrivant et en élargissant notre univers, le borne. Ainsi la rationalité et la connaissance scientifiques pèsent-elles sur les *cosmologies*, entendues comme les visions que les hommes peuvent avoir de l'univers au travers de l'appréhension des lois universelles. Certaines cosmologies sont incompatibles avec les résultats de la science. Seules la négation ou la mise à l'écart de lois physiques établies par la science, ou encore l'attribution du statut de réalité à des phénomènes inexistants, peuvent sauver certaines visions cosmologiques, où les sou-

* Ces phrases, publiées dans *Le Monde* du 22 avril 1997, sont sorties de leur contexte. P. Legendre répondait à une question sur les réseaux de communication informatisés.

** Il est intéressant de ce point de vue de noter qu'une enquête récente a montré que le pourcentage de croyants parmi les scientifiques américains n'avait quasiment pas varié depuis 1916 (E. Larson et L. Witham, *Nature*, *386*, 1997, 435-436).

coupes volantes et les jardins musicaux peuvent alors trouver place. L'aspect le plus intéressant de la publicité incongrue faite à la mémoire de l'eau par l'un des plus grands quotidiens français est sans doute celui-ci : d'avoir défendu à grands frais la validité possible d'une cosmologie tenue pour invalide selon les critères scientifiques habituels.

La technique suscite d'autres craintes. Mais de quoi faut-il avoir peur ? D'un côté, la liste des fausses peurs est longue. Dans les débuts de la vaccination, Pasteur dut faire face à une campagne virulente fondée sur la crainte que les vaccins (à l'époque des vaccins vivants atténués) ne disséminent des maladies. Les arguments employés ressemblaient fort à ceux qui furent utilisés, un siècle plus tard, pour combattre le génie génétique naissant. Aujourd'hui, on enquête, paraît-il, pour déterminer si l'usage excessif de téléphones portables provoquerait des cancers. Pourquoi pas ? D'un autre côté, il y a des craintes « normales ». Des catastrophes technologiques, malheureusement, se produisent. Elles ne cessent même de croître en ampleur, à la mesure des puissances prétendument maîtrisées [11]. Le changement d'échelle des activités humaines, maintenant symbolisé par l'effet de serre, induit un questionnement d'ordre planétaire. La collaboration entre le monde scientifique et les militaires est largement institutionnalisée. Audelà des acquis les plus récents de la recherche, l'exploitation à des fins militaires * ou terroristes ** d'un savoir et d'un savoir-faire parfois vieux de cinquante ans et accessible

* Des armes « primitives » n'en sont pas moins mortifères. Il n'est pas besoin de faire appel au génie génétique pour fabriquer des armes bactériologiques. L'Irak détenait au moment de la guerre du Golfe, des stocks importants de bacille du charbon. Selon des simulations effectuées aux États-Unis (citées par *Impact Hebdo Médecin*, 2 mai 1997), un avion de tourisme dispersant cent kilos de spores de ce bacille au-dessus de Washington pourrait, en fonction des conditions météorologiques, provoquer entre cent mille et trois millions de morts.

** L'attentat au gaz sarin dans le métro de Tokyo, le 20 mars 1995, fut l'œuvre d'une secte qui recrutait, entre autres, dans les milieux scientifiques et disposait de laboratoires assez bien équipés (*Le Monde*, 13 avril 1995).

à tous n'a rien de rassurant. Et la confiance que peut avoir le public dans les discours apaisants tenus par des politiques, des experts et des scientifiques a été écornée par plusieurs démentis flagrants infligés par les faits. Mais cela justifie-t-il que la peur ne devienne systématique et même qu'elle soit érigée en pilier d'un système de pensée ?

Le philosophe Hans Jonas a très justement mis l'accent sur la responsabilité accrue de l'homme par rapport à son environnement terrestre, dès lors que la puissance des technologies dont il a su se doter permet de le modifier. Mais, en reformulant le « contrat naturel » qui lie l'homme à la nature, il en vient à proposer de trouver des repères dans les menaces mêmes que l'homme fait courir au monde et à promouvoir « l'heuristique de la peur ». Comme plusieurs commentateurs l'ont bien noté [12], c'est dans un cadre métaphysique où le monde est confié à la garde de l'homme que H. Jonas parvient à cette proposition, qui rejoint la peur qu'inspire le Créateur dans de nombreuses religions. L'heuristique de la peur, et les philosophies de la nature qui aujourd'hui s'en réclament témoignent d'une inversion de transcendance troublante : l'homme devient responsable devant la nature et non plus devant lui-même ni devant son histoire. En quelque sorte, c'est la nature qui remplace Dieu, dans une perspective qui rompt avec la laïcité. À ce degré radical de mise en forme, on voit bien comment s'élabore, non plus une philosophie, mais une religion de la Nature. On peut alors s'interroger sur les projets politiques afférents, dont il devient important d'expliciter les présupposés idéologiques, et sur leur insertion dans le cadre démocratique. De surcroît, comme le remarque Jean-Jacques Salomon [13], il n'y a aucune opposition de principe entre les obligations que les hommes peuvent avoir à l'égard d'eux-mêmes et celles qu'ils doivent à la nature, « car la nature conçue comme sujet de droit se heurte d'abord à la nature de l'homme. L'appel au " principe de responsabilité " correspond effectivement à un rapport nouveau de l'homme à la technique qui [...] impose de mieux réguler les pouvoirs de notre civilisation matérielle [...]. Mais cette exigence nouvelle ne me paraît pas entraîner une métamorphose ni de la loi morale, ni du contrat social. Le contrat naturel peut bien prolonger le contrat social, il ne peut le remplacer ».

***

L'homme évolue dans un champ de risques sans cesse renouvelés. Telle est sa condition. Une transition s'est produite au cours du XXe siècle. Dans les pays industrialisés, on tend à croire que les risques naturels sont mieux maîtrisés alors que les risques créés par l'activité humaine le sont moins bien. On peut douter de l'exactitude de cette proposition lorsque l'on sait que les agents infectieux tuent beaucoup plus que toutes les catastrophes technologiques réunies *. Il n'en demeure pas moins que la perception, l'évaluation et la gestion des risques technologiques sont en voie de fonder une nouvelle *culture du risque*.

Cette dernière apparaît encore bien pauvre et incertaine, si l'on en juge par les innombrables incohérences que l'on peut constater dans l'appréciation et le maniement des situations à risques. Un accident d'avion émeut plus que les accidents de la route qui tuent beaucoup plus **. Seveso a laissé une empreinte presque aussi inquiétante que celle de Tchernobyl, bien que, fort heureusement, les dégâts aient finalement été limités ***. L'opinion commune tient qu'une prise d'otages ou un attentat sont plus dramatiques que les ravages de la schistosomiase ou de la malaria. Quant à la

* La grippe a tué deux mille huit cents personnes en deux mois en France en 1989 (Claude Hannoun, *La Grippe et ses virus*, Paris, PUF, 1996) ; ce chiffre est plus élevé que le nombre de victimes de la transfusion sanguine dans le drame du sang contaminé (*cf.* chapitres V et VI).

** Huit mille morts par an en France.

*** L'explosion de l'usine de Seveso a libéré des quantités considérables d'un produit toxique, la dioxine. À ma connaissance, aucune mort n'a été déplorée. Néanmoins, il est intéressant de noter que la directive européenne sur les risques technologiques a été baptisée « directive Seveso ».

consommation de tabac, d'alcool, ou aux prises alimentaires compulsives, elles semblent échapper à toute rationalité consciente en dépit d'arguments statistiques de plus en plus fournis sur les dégâts qu'elles provoquent. Évidemment, la quantification de la mort ou du drame nous répugne et elle perd tout son sens devant chaque mort ou chaque drame pris isolément. Pourtant, à l'échelle collective, cette comptabilité sinistre est indispensable, et d'autant plus nécessaire que les risques et leur perception sont souvent l'objet, pour des raisons strictement économiques, de manipulations par des groupes de pression. Si, en outre, comme l'ont montré quelques cas décrits précédemment, on succombe à la redoutable ambiguïté dont le terme de risque est porteur, si on confond risque et risque de risque, si on en vient à tenir pour réels des risques hypothétiques, on finit par gaspiller les moyens nécessairement limités dont la société dispose pour se protéger des vrais.

On peut voir là, je pense, les signes d'une immaturité de la culture du risque, alors même qu'on assiste à une forte poussée des préoccupations sécuritaires dont personne n'ira contester la légitimité : qui ne souhaite des transports plus sûrs ou une médecine plus fiable ? Dans le même temps, une culture juridique s'ébauche pour indemniser les victimes d'accidents technologiques, rechercher les responsables et, éventuellement, punir les coupables. Certains voient arriver des temps nouveaux où, dans des sociétés investies par la technologie, il faudrait élargir la notion de délinquance. En France, le drame du sang contaminé a servi de révélateur. « Dans un déplacement des réflexes vindicatifs, écrit Marie-Angèle Hermitte [14], on ne se sent plus satisfait du réflexe indemnitaire... La délinquance technologique n'est plus une délinquance de l'attention mais de l'indifférence [...]. Certains degrés de conscience et de prévisibilité pourraient-ils aller jusqu'à la qualification de crime ? C'est ce qui a été reconnu via le concept d'empoisonnement [15]. [...] Les juridictions pénales ont montré à suffisance qu'il existe une délinquance technologique et que le Code pénal n'en saisit que des fragments. La distinction entre les infractions volontaires et involontaires perd de sa force pour des comportements qui relèvent en permanence de la prise de risque et la faille qui s'est creusée entre ceux qui voyaient un crime là où les autres ne voyaient qu'un délit a montré la nécessité de criminaliser certains comportements industriels. » Cette vision sombre, lourde et inquiétante, de la vindicte publique, dont on peut espérer qu'elle n'est pas généralement partagée, renvoie à la définition de la responsabilité en situation de risque. Celle-ci a reçu une ébauche de formulation juridique dans ce qu'il est convenu d'appeler le « principe de précaution ».

Dans son esprit, ce principe est peu critiquable. Il stipule qu'il n'est pas nécessaire d'avoir une complète certitude pour agir et que, par voie de conséquence, ne pas agir en l'absence de certitude peut constituer une faute, voire un délit. Sans doute a-t-il le mérite de prendre en compte le fait que la science ne produit les connaissances nouvelles que par paliers et les livre rarement, d'emblée, sous forme de certitudes. Un fait scientifique établi n'acquiert son statut que par étapes, le plus souvent après avoir gravi trois niveaux : le *possible*, le *probable* et le *certain*. Une première observation, une première expérience permettront de formuler une hypothèse qui est dans l'ordre du possible. Après que d'autres observations ou d'autres expériences la confirment, elle entrera dans le domaine du probable ou du très probable. Le plus souvent, on ne la tiendra pour certaine qu'après qu'elle a été vérifiée indépendamment par d'autres, ou mieux encore qu'elle a été intégrée dans un édifice cohérent de preuves. Tout cela requiert du temps et, notamment, celui de la diffusion de la connaissance à d'autres scientifiques et à des décideurs qui sont confrontés au choix d'agir ou de ne pas agir en fonction d'interprétation de résultats qui sont possibles, probables mais pas encore certains. Marie-Angèle Hermitte [16] a donc raison de souligner que « le principe de précaution a pour conséquence évidente et peut-être pour fonction essentielle de séparer de manière crue l'univers scientifique, où la preuve s'acquiert lentement suivant des méthodes auxquelles il est indispensable de conserver leur pureté et leur exigence interne, de l'univers politique, où l'urgence requiert parfois la pesée de risques divergents entre lesquels il convient de circuler sur de simples présomptions ».

Le principe de précaution a désormais une existence officielle. Il figure dans les principes retenus par le sommet de Rio en 1992, au titre de la préservation de l'environnement ; il est mentionné dans le traité de Maastricht, de même que dans la loi française puisqu'un texte voté en 1995 le définit ainsi : principe « selon lequel l'absence de certitudes, compte tenu des connaissances scientifiques et techniques du moment, ne doit pas retarder l'adoption de mesures effectives et proportionnée visant à prévenir un risque de dommages graves et irréversibles à l'environnement à un coût économiquement acceptable ». Initialement réservé aux questions touchant à l'environnement, le principe de précaution a été utilisé, dans l'arrêt rendu le 12 avril 1995 à propos du drame du sang contaminé, par les juges de la Cour de cassation qui l'ont donc légitimé dans une acception large couvrant l'ensemble des précautions contre l'ensemble des risques possibles. Il a fait son entrée dans le langage commun et il est couramment invoqué dans les discours écologistes. Pourtant, il est hautement problématique, en raison, tout d'abord, de sa très grande indéfinition. Il est en outre doublé, au moins en France, de dispositions touchant à ce qu'il est convenu de dénommer le « risque de développement » qui en constitue une formulation extrême.

Pour un fabricant, l'obligation de résultats comprise dans le contrat de fourniture concentre les responsabilités sur le producteur, selon le principe qui consiste à affecter le risque à celui qui le crée. La vertu de cette approche juridique est d'identifier systématiquement un responsable capable d'indemniser les victimes, charge à ce dernier de se retourner contre des tiers. L'arrêt du 12 avril 1995 pousse cette logique à son terme. Il est clairement admis que le fabricant est tenu de réparer le dommage, même si *le vice était indécelable* au moment de la fourniture du produit.

Les conséquences de la reconnaissance du principe de précaution et du risque de développement sont analysées avec perspicacité par François Ewald [17]. Ce dernier y voit l'émergence possible d'un nouveau paradigme, succédant au paradigme de la responsabilité, dominant au XIXe siècle, et à celui de solidarité qui commença à prévaloir au début du XXe [18]. « L'hypothèse de précaution, souligne-t-il, introduit l'incertitude à la fois dans la décision et dans la sanction. *A priori* et *a posteriori* [...]. Dans l'ancien droit de la responsabilité, l'incertitude du savoir innocente. L'application du principe de précaution donne un résultat bien différent [...]. L'hypothèse de précaution va avec la prise de conscience d'une dilatation du temps, d'une nouvelle prise en compte de la durée dans la causalité des actions humaines [...]. Le principe de précaution invite à anticiper sur ce qu'on ne sait pas encore, à prendre en compte des hypothèses douteuses, de simples soupçons [...]. Avec la précaution, on utilise la science comme principe de défiance [...]. Notre tradition juridique, depuis les Lumières au moins, répugne à sanctionner ces situations d'après coup [...]. On peut dire qu'avec la question du risque de développement, nous redécouvrons la figure du destin, mais avec cette différence que, dans le monde antique, le destin ne renvoyait qu'aux dieux, alors que, pour nous, il est désormais toujours et nécessairement lié à une figure humaine. La solidarité nous avait presque rendus " risquophiles ", nous voilà redevenus " risquophobes " ». On ne saurait mieux dire sauf, peut-être, pour approfondir les rapports négatifs institués, par construction, entre l'attitude de précaution et l'innovation.

La gestion des risques liés à l'innovation

Revenons, à titre d'illustration, aux polémiques soulevées par le génie génétique, qu'il s'agisse, à l'origine, du clonage des gènes dans des bactéries ou, plus récemment, de la génération de végétaux transgéniques. Comme je l'ai montré plus haut, la confusion qui a durablement pollué les débats a été l'amalgame entre risques *potentiels* et risques *avérés*. Elle reflète un point de méthode essentiel qui doit maintenant être explicité. Lorsque les biologistes, réunis en 1975 à Asilomar, tentèrent d'évaluer les risques potentiels liés à l'introduction de gènes dans des bactéries, ils se résolurent à mener quelques expériences critiques, en milieu confiné, afin d'évaluer « la réalité des risques ». Les résultats furent négatifs et l'on conclut que les risques n'étaient pas significatifs. Cet exemple illustre le point de départ d'une méthodologie qui s'oblige, en situation d'innovation technologique, à élaborer des scénarios de risques, pour ensuite chercher un retour de réalité, de façon à établir si les risques potentiels qu'on avait imaginés sont ou non réels.

Les difficultés de l'exercice ne sont pas minces. Tout d'abord, on dit et répète partout qu'il n'existe pas de risque nul. On peut donc prétendre à bon droit que *tout risque imaginé est un risque créé* puisqu'on ne peut pas démontrer qu'il ne se réalisera jamais. En outre, il n'est pas facile de couvrir convenablement le champ des risques potentiels et d'imaginer tous les scénarios. Enfin, les vérifications ou les retours de réalité que l'on essaie d'obtenir, s'agissant d'événements rares et pouvant se produire sur le long terme, ne permettront pas, en général, d'évaluer la totalité des scénarios et les résultats seront le plus souvent incomplets ou discutables. Comment construire des quasi-certitudes à partir d'une somme d'incertitudes ? Seule la qualité de la méthodologie peut permettre d'obtenir des réponses à peu près satisfaisantes mais qui n'offriront jamais les garanties absolues que certains voudraient avoir en retour. Trois points me paraissent essentiels : la qualité des expériences de pensée qui conduisent à formuler les scénarios de risques potentiels ; la rigueur des retours de réalité ; le suivi et l'analyse rétrospective.

La qualité des expériences de pensée qui permettent

d'élaborer les scénarios est d'autant plus importante que, comme noté plus haut, leur formulation vaut en quelque sorte création. Lorsque, après avoir laissé courir mon imagination, je retiens le scénario comme *plausible,* celui-ci ne pourra jamais être totalement éliminé. Ici intervient le terme clé de « plausible », qui introduit un élément de jugement individuel mais surtout *collectif.* Pour éclairer ce point, je reprendrai un exemple que j'ai utilisé ailleurs [19]. Toute chaîne d'événements hypothétiques, si anodins soient-ils, présente nécessairement un risque potentiel : un piéton jette sur la chaussée un mégot à proximité d'un véhicule dont le réservoir d'essence fuit. L'automobile prend feu, le feu se propage dans une station d'essence voisine, qui explose, provoque l'embrasement d'un immeuble voisin, dont les conduites de gaz explosent à leur tour, etc. Il s'agit là d'une hypothèse de catastrophe dont il est très difficile de chiffrer la probabilité, de sorte qu'à un certain stade c'est un jugement qui s'applique. En l'occurrence, le risque est tenu pour négligeable et, partant, acceptable puisque des milliers de fumeurs jettent leurs mégots dans la rue. Ces risques « évanescents », potentiels, très peu probables et issus de l'imaginaire, entretiennent un rapport ambigu avec la réalité. Leur prise ou non-prise en considération reflète une acceptabilité individuelle et sociale, qui renvoie à une *représentation* du risque, puisque aucune réalité ne vient en cerner les contours. Comme il existe une infinité de risques potentiels, nous opérons nécessairement une sélection parmi les scénarios. C'est pourquoi la qualité des expériences de pensée qui permettent d'élaborer, de trier et de sélectionner les scénarios que l'on retient comme significatifs est essentielle. Ce processus ne peut rester individuel, ne serait-ce que parce que le risque est collectif. Il doit faire intervenir des débats contradictoires pour déboucher, idéalement, sur un consensus.

La rigueur des études qui permettent ensuite d'évaluer les retours de réalité est d'autant plus critique que l'on œuvre aux limites de l'imaginaire, et que la représentation du risque est prépondérante. Les risques évanescents sont un lieu privilégié de l'image, du glissement de sens, de l'échappement des réalités, voire de l'évasion de la description scientifique des phénomènes et de projections culturelles diverses. La plus grande rigueur intellectuelle doit donc être de règle. Ce travail a un coût. Il n'est pas et ne peut être instantané et il n'est pas certain qu'il débouchera sur des conclusions fermes. Entre-temps, il faut bien gérer les situations de fait, comme des développements industriels fondés sur une technologie nouvelle. Il faut aussi informer au mieux, même, et surtout, si les faits sont en contradiction avec la représentation la plus commune du risque.

Enfin, le *suivi* est indispensable. Dans des domaines aussi complexes que mouvants, dans le court et le long terme, l'erreur est possible, sinon probable. Il faut donc être en position de réviser en permanence les jugements et décisions antérieurs. Encore ne doit-on être prisonnier ni de la représentation initiale qui ferait refuser les retours de réalité, ni d'un système rigide qui bloquerait les adaptations nécessaires ou justifiées.

La distinction entre risques potentiels et risques avérés est totalement négligée dans certaines sphères, médiatiques notamment, pour se fondre dans la seule notion de risque qui, faute de qualification, est supposé réel. Le point est crucial et mérite qu'on s'y arrête. Dans la méthodologie décrite plus haut, le risque potentiel intervient de façon définie dans une chaîne logique. Les risques sont d'abord imaginaires, c'est-à-dire le fruit de l'imagination. Puis, un tri fondé sur les connaissances du moment et la raison conduit à retenir des scénarios plausibles qui méritent l'attention : ce sont les risques potentiels. Dans un troisième temps, la recherche de retours de réalité tente d'établir la réalité ou la non-réalité du risque potentiel. Un risque peut donc avoir trois qualifications : imaginaire, potentiel ou avéré. Le même risque peut changer de qualification en fonction de l'état des connaissances et des retours de réalité. Ce processus de qualification devrait, idéalement, être continu et faire l'objet du consensus le plus large possible. De ce point de vue, l'évaluation des risques devrait être un modèle d'activité démocratique.

Les risques de la génétique et du nucléaire peuvent être à nouveau clairement distingués. Concernant la manipulation des gènes, on a élaboré des scénarios de risques potentiels dont aucun, à ce jour, n'a, à ma connaissance, fait l'objet d'un retour de réalité qui conduise à le hisser dans la catégorie des risques avérés. Pas le moindre accident, pour l'instant, qui doive engager dans cette voie, à tel point que l'on pourrait être tenté de suivre le chemin inverse et de rétrograder les risques associés à la manipulation des gènes dans la catégorie des risques imaginaires. Pour le nucléaire, on opère dans un espace intellectuel totalement différent. Les risques sont avérés. La centrale de Tchernobyl a bel et bien explosé. Qui niera la réalité d'un risque avéré ? Les problèmes du nucléaire émargent à une logique du risque totalement différente. On ne gère pas de la même manière des risques avérés et des risques potentiels, bien que les démarches soient assez similaires. Pour le nucléaire aussi, on formule des scénarios, on explore les voies d'accidents possibles, pour retenir certaines hypothèses et mettre en place des circuits de contrôle. On parvient ainsi à des centrales ayant un certain niveau de sécurité dont certains penseront qu'il est suffisant, d'autres qu'il est encore insuffisant mais améliorable, et d'autres qu'il ne sera jamais suffisant. Mais le risque est bien là, et la question posée est *celle de sa maîtrise, non de sa nature*.

Rien de tel, à ce jour, pour la manipulation des gènes. C'est de la *nature* du risque dont on débat encore. Peut-être, un jour, les risques potentiels seront-ils avérés, peut-être pas, mais tel n'est pas le cas aujourd'hui. On voit dès lors combien la confusion entre risque potentiel et risque avéré est lourde de sens et de conséquences. Lourde de sens parce qu'elle confère à l'imaginaire les attributs du réel. Lourde de conséquences parce que, trompée par cette confusion, la société réagit, normalement, par la mise en place d'instruments de contrôle inadéquats, peu nécessaires mais onéreux, dont, finalement, le corps social paie le prix.

Cette discussion sur les méthodes, axée sur l'évaluation des risques, n'épuise pas, et de loin, la question. La gestion des risques technologiques n'est pas chose nouvelle. C'est une discipline qui a ses spécialistes, qui développe un corps de connaissances, des bases de données et qui dispose de publications et de revues. Au plan industriel, elle est étroitement apparentée au contrôle de qualité dont il a été question plus haut (chapitre VII). On reconnaîtra de bonne foi que l'efficacité du système est plutôt impressionnante, si l'on se représente l'abondance et la complexité des situations à risque cumulées dans les aéroports, par exemple, où le taux d'accidents peut être tenu pour remarquablement faible. Des systèmes productifs ont depuis longtemps pris en charge, et répercuté sur leurs coûts, des objectifs de sécurité. Qu'y a-t-il de neuf, alors, dans le principe de précaution, et dans le fait qu'on en vienne à porter à la charge des producteurs le « risque de développement » ? Ce qui est radicalement nouveau, c'est la responsabilisation par rapport à des risques non avérés et même totalement inconnus, ce qui ouvre la voie à la notion de « responsabilité sans faute » à laquelle on fait de plus en plus fréquemment appel. On voit bien, en tout état de cause, que, sans référence à une méthodologie d'évaluation et de gestion des risques, le principe de précaution ouvre la porte à toutes les imprécisions, à toutes les confusions et, finalement, à toutes sortes d'abus possibles. On voit bien également à quel point, s'il est utilisé lui-même sans précaution et sans discernement, il peut devenir bloquant pour l'innovation. Ce que certains envisagent avec une certaine sérénité. « La généralisation de cette attitude devrait en principe conduire à redistribuer les choix d'investissement, en accordant moins de place aux “ nouveaux ” produits, davantage à l'amélioration des produits existants [...]. Il est peu probable que l'on perde à cette réorientation [20]. » Pour François Ewald, au contraire, « les termes de la difficulté sont clairs : protéger le consommateur en imposant une sécurité absolue au producteur revient à supprimer, pour le consommateur, l'avantage de l'innovation [...] marché de dupes qui, parce qu'il élimine le produit, élimine aussi le danger [...]. La question du risque de développement est d'une redoutable gravité dans ses conséquences, mais aussi dans son principe : il ne s'agit de rien de moins que d'une nouvelle étape dans la prise de conscience de ce qu'est sinon une société industrielle, du moins une société technologique avancée [21] ». L'avertissement est clair, et je voudrais encore le renforcer. Cette approche de la précaution n'est pas universelle. Dans d'autres pays, d'autres nations, comme aux États-Unis où la sécurité technologique n'est pas moindre qu'en France, le « risque de développement » n'a pas de sens ; il est même considéré avec un étonnement extrême. Serions-nous engagés à nouveau dans une sorte d'exception délétère ? Voulons-nous vraiment bloquer l'évolution vers les technologies avancées ? Il est normal que le droit, comme les autres activités humaines, progresse par tâtonnements, fasse des recherches, procède aussi par essais et erreurs. Encore faut-il que ces dernières soient reconnues et corrigées avant d'avoir créé des dommages beaucoup plus graves que les bénéfices attendus.

Conclusion

LA SCIENCE EN PARTAGE

> *De par les conséquences socioculturelles imprévues du progrès technique, l'espèce humaine s'est elle-même mise au défi, non seulement de provoquer la destinée sociale qui est la sienne mais encore d'apprendre à la maîtriser. Et il n'est pas possible de relever ce défi lancé par la technique avec les seules ressources de la technique. Il s'agit bien plutôt d'engager une discussion, débouchant sur des conséquences politiques, qui mette en rapport de façon rationnelle et obligatoire le potentiel dont la société dispose en matière de savoir et de pouvoir techniques avec notre savoir et notre vouloir pratiques.*
>
> Jürgen HABERMAS [1]

La science et la technique fondent, pour partie, l'avenir de l'homme. Non seulement en raison des innovations et des réalisations qui en découlent directement, mais aussi parce que leur mise en œuvre constitue un défi fonctionnel pour les démocraties qui doivent adapter leurs mécanismes à l'optimisation sociale de leur gestion. Ce que cet ouvrage a mis en lumière, c'est que l'assimilation sociale de la science et de la technique pose des problèmes complexes : les errances de leur représentation médiatique sont le révélateur des interrogations profondes qu'elles suscitent.

L'adhésion raisonnée du plus grand nombre, non pas à l'innovation en tant que telle mais à certaines innovations choisies, est essentielle. Tout nous invite à penser que, pour gérer à l'échelle planétaire les conséquences prévisibles d'un doublement prochain de la population humaine, des avancées de la science et de la technique seront indispensables. Tout aujourd'hui indique un lien entre prospérité économique et innovation. Rien, à l'inverse, ni au plan des principes ni à celui des réalités, ne montre que les risques associés à l'innovation sont incontrôlables ou ingérables. Vouloir freiner l'innovation en raison des risques supposés dont elle est porteuse constitue, à mon sens, une erreur profonde. Ceux qui prônent cette attitude doivent être conscients d'un double danger. Le premier est de réfuter explicitement et de bloquer l'innovation. Le second, plus pernicieux, est de la ralentir au nom des risques imaginaires que l'on s'épuise à maîtriser. Il est évident que les groupes sociaux qui sont les meilleurs gestionnaires des risques sont aussi ceux qui captent et développent le plus rapidement et le plus efficacement l'innovation. La question n'est pas de prendre plus de risques. On ne prend pas plus de risques « physiques » aux États-Unis qu'en Europe où on innove moins. Il importe de comprendre que des différences dans les méthodes et les pratiques d'évaluation et de gestion des risques peuvent avoir des effets considérables sur la mise en œuvre des mêmes innovations. Des sociétés empêtrées dans une mauvaise appréhension et une gestion inadéquate de la problématique des risques se condamnent elles-mêmes à une forme de décadence. Il est essentiel, dans cette perspective, de vérifier l'usage qui est fait de principes en apparence raisonnables et généreux, comme le principe de précaution, et même de certains principes prétendument éthiques, dont l'application pourrait, dans la pratique, s'avérer désastreuse.

C'est l'inquiétude qui fonde le plus souvent la résistance à l'innovation. Mais on peut à la peur préférer la lucidité et reconnaître à cette dernière des vertus heuristiques supérieures à la première. Par ailleurs, on ne peut prôner des attitudes de raison sans vouloir qu'elles soient partagées par le grand nombre. On doit aussi reconnaître que les incertitudes inhérentes à l'innovation font qu'il est nécessaire d'améliorer l'évaluation et la gestion des risques. C'est pourquoi une adaptation du fonctionnement des systèmes démocratiques est rendue nécessaire par l'évolution de la science et de la technologie. Jusqu'à présent, les démocraties ont largement fonctionné par délégation, les citoyens abandonnant une bonne part de leur jugement aux politiques et aux experts. Or on sent monter une réserve de plus en plus manifeste vis-à-vis des uns et des autres, aussi bien qu'une volonté accrue de participation. L'émergence de groupes de pression militants en témoigne. Les sondages d'opinion permettent, dans une certaine mesure, d'en tenir compte, bien qu'il s'agisse d'un mode de consultation plutôt primitif et par là critiquable. En tout état de cause, le contrôle de l'innovation et des risques qui lui sont associés est désormais revendiqué comme étant l'affaire de tous, ce qu'il est effectivement ; il ne peut être la chasse gardée des seuls techniciens et des experts. Ceux-ci, trop enfermés dans leur logique propre, non seulement recommandent des actions qui ne sont pas nécessairement conformes aux souhaits du plus grand nombre, mais commettent parfois des erreurs graves provoquées par un manque de connaissances ou l'absence de regard critique. Comme le souligne J.-J. Salomon, « l'affrontement entre la logique technocratique et la logique démocratique a un prix qui peut paraître élevé aux décideurs, il l'est toujours moins que celui qu'il faudrait payer en l'absence de tout mécanisme de contrôle et de régulation [2] ». Mais les techniciens et les experts ne sont plus seuls en cause. La dimension sociale du contrôle technologique tend à déborder aussi certains mécanismes politiques traditionnels, en raison d'un appel insistant d'une partie du public qui veut être impliqué plus étroitement dans les prises de décision. La manière d'organiser cette démocratie plus participative, de façon qu'elle fonctionne efficacement sans sombrer dans la paralysie, reste à inventer *. Elle se situe dans l'axe de la réflexion développée par le philosophe Jürgen Habermas lorsqu'il propose d'élargir l'espace public de dialogue [3]. « Pas plus que l'hypothèse optimiste d'une convergence entre la technique et la démocratie, l'affirmation pessimiste selon laquelle la technique exclut la démocratie ne se justifie », écrit ce dernier dans un texte datant de 1965. « Dans les systèmes industriels les plus avancés, il faut de nos jours faire un effort énergique pour prendre en main de façon consciente une médiation du progrès technique et de la pratique vécue des grandes sociétés industrielles qui, jusqu'à présent, n'a fait que s'imposer avec tous les traits d'une histoire naturelle [4]. »

---

* Une tentative originale a eu lieu en France où, en 1989, fut créé le « Collège de prévention des risques technologiques majeurs ». Rattaché au Premier Ministre, constitué largement de représentants non techniciens de la société civile, ce Collège avait pour mission de concourir à l'évaluation de tous les risques industriels et technologiques, nucléaires, chimiques, etc. Il était en quelque sorte le pendant du Comité consultatif national d'éthique. Doté du droit d'autosaisine et du droit de publier ses avis, ayant accès à tous les documents administratifs, en principe indépendant du pouvoir politique et administratif, le Collège rendit entre 1989 et 1995, une vingtaine d'avis (*cf. Le Risque technologique et la démocratie*, Paris, La Documentation française, 1995). J'en fus membre pendant plusieurs années. Il fut dissous en 1996 (*cf. Le Monde*, 4 mars 1996). Il ne parvint pas à acquérir une audience comparable à celle du Comité national d'éthique, peut-être en raison d'une confusion avec l'Office parlementaire d'évaluation des choix scientifiques et technologiques, institution créée auprès de l'Assemblée nationale en 1983, avec laquelle, aux yeux de certains, le Collège faisant double emploi.

On a vu plus haut (chapitre VII) que le système médiatique présente quelques symptômes maladifs. Compte tenu des forces qui le maintiennent à l'équilibre, je ne vois, pour ma part, aucune autre manière de le faire évoluer en profondeur que par une implication accrue des citoyens. J'ai aussi montré, dans le chapitre VIII, qu'à mon sens la prise en compte des risques technologiques ne peut être que participative, non seulement par principe, mais par *méthode*. Leur évaluation et leur gestion doivent être assises sur des discussions contradictoires dont les « conférences de consensus » fournissent peut-être le modèle *. Il n'est guère contestable que dans les intentions le « principe de précaution » soit positif mais, dans la pratique, il est inapplicable sans règles et, plus généralement, si ne se développe pas, dans le public, une véritable *culture du risque*. Celle-ci ne doit pas être comprise comme une incitation à vivre dans la dangerosité mais, bien au contraire, comme l'intégration de l'ensemble des démarches qui permettent de gérer au mieux les risques et donc de les diminuer. Cela implique un changement d'attitude intellectuelle majeur. Il faut en effet se doter des moyens de traiter des situations caractérisées tout autant par l'ignorance que par la certitude. L'enjeu est donc de développer des modes de fonctionnement démocratique adaptés à la gestion du *doute*. Ce faisant, les démocraties s'approprieront d'autant mieux la science. Car, vue de façon statique, la science est en quelque sorte la somme des certitudes de l'instant ; mais, dans sa dyna-

---

* Le principe des conférences de consensus consiste à réunir les acteurs concernés par un problème donné et à les laisser débattre et discuter jusqu'à ce qu'ils atteignent un consensus, ou s'en rapprochent au mieux, ce qui oblige à identifier clairement, s'il en existe, des points de contradiction irréductibles. Elles sont pratiquées notamment dans le monde médical, mais connaissent une forme d'élargissement avec les « conférences de citoyens » dont le Danemark a fait l'expérience pour l'évaluation des choix technologiques (*cf.* chapitre II).

mique, elle est surtout questions, hypothèses, recherches et porte en elle l'inconfort du doute – auquel on préférerait souvent la tranquillité des certitudes.

On ne peut aller en ce sens et vouloir élargir l'espace public de discussions et de dialogue dans le champ de l'innovation et des risques technologiques sans une meilleure acculturation du public, et sans que soit distribuée une information solide, actualisée, sur les sciences et les techniques. À défaut, les démocraties pourraient être démocratiquement conduites à l'erreur *. L'enseignement des sciences et des techniques est essentiel pour préparer et faciliter la compréhension des innovations, y compris celle des innovations à venir. Il ne peut remplir la mission d'information dans sa généralité et son instantanéité qui est dévolue aux médias. Mission impossible, prétendent certains. Ne communique-t-on jamais autre chose que des images de la science, plutôt que la science elle-même dont le sens profond est voué à se perdre ? Cela est peut-être vrai de secteurs très abstraits du domaine scientifique, mais moins vrai de beaucoup d'autres et encore moins de la technique. Toutefois, cette remarque appelle un commentaire important : en raison de son caractère métaphorique, l'acte de représenter la science aux fins de la communiquer fournit un moment privilégié pour l'intrusion des préjugés et des idéologies [5]. C'est donc moins, à mes yeux, la métaphore qui est problématique que sa perméabilité aux glisse-

* En 1997, la Confédération helvétique était engagée dans un processus référendaire visant à inscrire dans la Constitution l'interdiction de principe des plantes et des animaux transgéniques. Le vote était prévu pour juin 1998. L'adoption de cette disposition aurait, selon la plupart des observateurs – et je partage cet avis – un effet désastreux, au moins sur la recherche biologique en Suisse, dont des représentants prestigieux ont fait savoir qu'ils seraient probablement conduits à émigrer. La perspective du référendum a induit une vaste campagne d'information, campagne d'autant plus active que les premiers sondages indiquent une nette majorité en faveur de l'amendement proposé (*cf. Nature, 388*, 1997, 314-315).

ments de sens et aux contresens. Les journalistes, et notamment les journalistes scientifiques, ont ici une responsabilité professionnelle particulière – comme il a été plusieurs fois montré dans cet ouvrage. Mais les scientifiques n'en sont pas exempts. Certains d'entre eux sont les premiers pollueurs des métaphores qu'ils destinent au public, soit par les canaux médiatiques, soit par la rédaction d'ouvrages de réflexion ou de « vulgarisation ». Le mécanisme est toujours le même : il consiste à surinterpréter les données de la science pour les faire entrer dans un moule idéologique préexistant. Les exemples ne manquent pas. L'eugénisme des années 1930, la sociobiologie, la théorie de l'évolution « récupérée » dans un projet d'essence théologique [6] furent ou sont promus par des scientifiques. Et j'ai déjà dit toute la méfiance que l'on doit aujourd'hui nourrir vis-à-vis du « tout génétique ». Les scientifiques si sourcilleux de l'interprétation ponctuelle des faits devraient sans aucun doute exercer une veille anti-idéologique plus active.

Il est donc essentiel d'informer mieux et plus, et cela requiert une meilleure coopération entre les sphères scientifique et médiatique. Hormis quelques exceptions notables [7], la communauté scientifique est trop peu ouverte au dialogue avec le public et trop peu disponible pour lui faire partager avec patience et obstination son savoir et les perspectives qui en découlent *. Les médias

* Sur la communication scientifique et la diffusion des savoirs, on pourra lire deux rapports intéressants publiés dans les *Cahiers* du Comité d'Éthique pour les sciences du CNRS (n° 1, janvier 1997). Le premier contient une série de recommandations en direction des chercheurs et souligne leurs responsabilités. Le second analyse les changements dans les rapports sciences/société et dans les conditions de diffusion des savoirs. L'une des conclusions est celle-ci : « Aujourd'hui, il apparaît que démocratiser la science n'est pas isomorphe à diffuser le plus de savoirs. La diffusion ne peut plus être pensée sur fond de transparence totale, mais sur fond des obstacles à cette transparence et de ses limites. Le scientifique n'a pas à présupposer cette transparence mais à travailler à amoindrir les obstacles [...]. La construction des contenus de diffusion est le premier acte dans l'ef-

doivent professionnaliser plus encore le secteur de l'information scientifique et technique, mais aussi, lorsque celle-ci prend une dimension sociale, avancer par des références plus proches de la réalité, veiller à une séparation plus stricte entre les faits, les interprétations, les opinions, bref exercer une attention critique soutenue et rigoureuse. Le chemin à parcourir n'est peut-être pas aussi long que cet ouvrage pourrait le faire craindre, car la conscience des acteurs est éveillée : les scientifiques perçoivent mieux la nécessité de s'ouvrir au public ; les journalistes celle d'accroître leur intervention dans le champ des sciences et des techniques ; et la demande du public se fait plus forte.

***

Tout au long de cet ouvrage, je me suis appuyé sur le champ biologique et sur la connaissance que j'en ai, pour parvenir à des propositions qui, de façon plus générale, recoupent de nombreuses autres réflexions sur la science et la technique. Peut-être faut-il, cependant, reconnaître à la génétique une certaine singularité. C'est que nous découvrons peu à peu qu'aux plans individuel et collectif la génétique a quelque chose à voir avec le destin. On peut même avancer que la génétique apparaît comme la forme contemporaine et *objectivable* du destin parce que les gènes existent bien et que le déterminisme et l'indéterminisme dont ils sont les vecteurs sont bel et bien ancrés dans la réalité. C'est sans doute pourquoi la génétique intéresse et passionne autant, tout en faisant si peur. Cette prise de conscience met la science en position paradoxale. En déchiffrant les gènes et les processus de la vie, elle décrit les individus, elle dit l'humanité, elle

---

fort du scientifique de préserver et faire respecter, jusque sur la place publique, les normes scientifiques et éthiques de présentation des résultats. »

dévoile le destin. Mais elle est en quelque sorte incluse dans le destin qu'elle découvre et commence à se doter des moyens opératoires qui pourraient permettre d'agir sur ce dernier. Le premier avatar de ce « destin génétique » n'est-il pas la transition évolutive du singe à l'homme ? Les mutations qui l'ont autorisée et qui ont permis, chez l'homme, l'émergence d'une rationalité développée, sont du même coup responsables de l'émergence de la science. Rationalité et science sont porteuses d'une curiosité qui constitue un élément essentiel de l'activité réflexive et porte inéluctablement à l'extension de la connaissance. En ce sens, la science est une activité nécessaire. Nous sommes ainsi « condamnés » à connaître, encore et toujours plus. L'extension de la connaissance ne peut avoir de limite, à moins que l'humanité dans l'homme ne s'éteigne. Il ne peut donc y avoir excès de connaissance. Cette idée même porte atteinte à la notion d'humanité. Il existe en revanche une forme d'*abus de savoir*, compris en tant qu'abus de pouvoir. Ce n'est pas l'excès de savoir que l'on peut mettre en cause, c'est son absence de partage qui concentre entre les mains d'un petit nombre le pouvoir qui lui est associé. L'évolution nous a, si on peut dire, livré la science en partage. À nous d'apprendre à la mieux partager.

KERFISSIEN, janvier 1998

NOTES

Exergue :

1. Spinoza, *Éthique*, livre IV, proposition LXXIII.

Introduction :

1. Ce biais se traduit en particulier par le fait que, lecteur régulier du quotidien *Le Monde*, j'y puise beaucoup d'informations et les soumets souvent à l'analyse critique. Que ce journal me le pardonne. Il n'y a dans cet ouvrage aucune attaque *ad journalem* ou *ad hominem*. Ma critique eût été tout aussi vive, et peut-être plus, avec tout autre, comme elle l'est vis-à-vis de l'information télévisée. *Le Monde*, au demeurant, occupe et cherche à occuper une place singulière dans le paysage de la presse française. Journal réputé sérieux, avide de rigueur et d'excellence, *Le Monde* a longtemps joué et prétend jouer un rôle de référence, notamment au plan de la déontologie journalistique, ce qui confère plus de pertinence encore à l'étude de ses écrits.

Chapitre premier : NAISSANCE D'UNE NOUVELLE SCIENCE

1. La naissance et le développement de la biologie puis de la génétique moléculaires ont été bien décrits dans plusieurs ouvrages dont le mien auquel je ferai plusieurs fois référence : Philippe Kourilsky, *Les Artisans de l'hérédité*, Paris, Odile Jacob, 1987 ; édition augmentée d'une postface, Paris, Odile Jacob-Points, 1990. On lira aussi François Gros, *Les Secrets du gène*, Paris, Odile Jacob, 1988. Michel Morange, *Histoire de la biologie moléculaire*, Paris, La Découverte, 1994 ; *Le Hasard et la Nécessité* de Jacques Monod, Paris, Seuil, 1970, contient, en deçà de considérations sur la téléonomie, des explications très claires sur les fondements moléculaires de la biologie, de même que *La Logique du vivant* et *Le Jeu des possibles* de François Jacob, Paris, Gallimard, 1970, Fayard, 1981. *La*

Double Hélice de James Watson, Paris, Robert Laffont, 1986, décrit la découverte de la structure de l'ADN.

2. François Jacob, *La Souris, la Mouche et l'Homme*, Paris, Odile Jacob, 1997.

3. *Les Artisans de l'hérédité*, *op. cit*. Une explication détaillée figure dans le chapitre III.

4. « Potential biohazards of recombinant DNA molecules », *Proc. Natl. Acad. Sci.* (États-Unis), *71*, 1974, 2593-2594. Un groupe de scientifiques avait donné l'alerte en 1973 (Singer and Soll, *Science*, *181*, 1973, 1114) ; voir aussi *Nature*, *250*, 1974, 175.

5. *Les Artisans de l'hérédité*, *op. cit.*, chap. X.

6. *Cf. Science*, *190*, 1975, 1175-1179 ; *Nature*, *258*, 1975, 561-564, pour les règles élaborées aux États-Unis.

7. *Les Artisans de l'hérédité*, *op. cit.*, chap. X.

8. *Ibid.*, 1990, postface.

Chapitre II : LES POLÉMIQUES AUTOUR DES BIOTECHNOLOGIES

1. *Les Artisans de l'hérédité*, *op. cit.*, chap. X.

2. Une grande partie des informations qui suivent sont tirées d'un ouvrage. *Droit et Génie génétique*, publié en 1994 par Elsevier pour « Biofutur » et qui regroupe une série de communications faites dans un congrès tenu en 1993.

3. *Ibid.*, intervention de M. Lidsky, p. 93-107.

4. *Cf. Le Monde*, 16-17 juin 1992 ; *Le Figaro*, 15 juin 1992.

5. On pourra lire à ce sujet un article d'Axel Kahn, « Le vivant, les gènes et le droit des brevets », *Droit et génie génétique*, *op. cit.*, p. 121-127.

6. L'avis de l'Académie des sciences en France est publié dans un opuscule, *La Brevetabilité du génome*, Paris, Lavoisier, « Techniques et Documentation », 1995.

7. Voir, notamment, un article d'Alain Gallochat, « Le sursaut européen », *Biofutur*, vol. 161, 1996.

8. Selon *Nature*, *387*, 1997, 221.

9. *Le Monde*, 5 décembre 1997.

10. Ayerb *et al.*, *Nature Biotechnology*, *14*, 1993, 862.

11. Voir *Nature*, *387*, 1997, 845-847.

Chapitre III : PROBLÈMES ET FANTASMES LIÉS À LA PROCRÉATION

1. La bioéthique est aujourd'hui l'objet d'une documentation bien nourrie et d'une abondante littérature. Outre les cahiers du Comité consultatif national d'éthique, on pourra se rapporter à plusieurs ouvrages, et notamment Jean Bernard, *De la biologie à l'éthique*, Paris, Buchet/Chastel, 1990 ; *Vers un antidestin ? Patrimoine génétique et droits de l'humanité*, sous la direction de F. Gros et G. Huber, Paris, Odile Jacob, 1992 ; *Fondements naturels de l'éthique*, sous la direction de Jean-Pierre Changeux, Paris, Odile Jacob, 1993 ; Lucien Sève, *Pour une critique de la raison bioéthique*, Paris, Odile Jacob, 1994.

2. J. Testart, *Le Désir du gène, op. cit.*
3. *Cf.* l'article bien documenté d'O. Pastel-Vinay et A. Millet, *La Recherche*, n° 297, avril 1997, p. 50-63. L'article scientifique original a été publié dans *Nature, 385*, 1997, 811.
4. *Cf.* les *Cahiers du Comité consultatif national d'éthique*, n° 12, 1997, qui contiennent non seulement un avis concernant la France mais un extrait des textes traitant du clonage reproductif à l'étranger. À ce sujet, on pourra consulter également *Nature, 389*, 1997, 658-663.
5. *Le Monde*, 2-3 mars 1997.
6. *Le Monde*, 21 avril 1997.
7. J. Testart, « Oser décider l'interdit », *Libération*, 29-30 mars 1997, et « Procréer ou reproduire », *Le Monde*, 18 mars 1997.
8. L. Sève, « L'homme n'est pas un moyen », *Libération*, 24 avril 1997.
9. L. Sfez, « La peur des clones », *Le Monde*, 22 avril 1997.
10. « On cloning human, " never " turns swiftly into " why not " ? », *The New York Times*, 2 décembre 1997.
11. Voir *Le Monde*, 13 janvier 1998.
12. Les actes du colloque de 1989 sont publiés dans *Vers un antidestin ?*, *op. cit.*, p. 528 et 530.
13. Cet épisode est discuté par L. Sève, *op. cit.*, p. 249-259.
14. Axel Kahn et Dominique Rousset, *La Médecine du XXIe siècle. Des gènes et des hommes*, Paris, Bayard Éditions, 1996.
15. Voir, par exemple, *Le Magasin des enfants*, sous la direction de J. Testart, Paris, Éditions François Bourin, 1990.
16. P. Kourilsky, *op. cit.*
17. D. J. Kevles : *Au nom de l'eugénisme. Génétique et politique dans le monde anglo-saxon*, PUF, Paris, 1995 ; Jean-Paul Thomas, « Les Fondements de l'eugénisme, PUF, Que sais-je ? », 1995. On pourra lire aussi deux articles d'Alain Drouard : « Aux sources de l'eugénisme français », *La Recherche*, n° 277, 1995, p. 648, et « Un cas d'eugénisme démocratique. Quarante-cinq ans d'" hygiène génétique " au Danemark », *La Recherche*, n° 287, 1996, p. 78. Plus de huit mille personnes ont été stérilisées au Danemark entre 1930 et 1954.
18. À laquelle certains scientifiques participèrent directement comme l'établit notamment l'ouvrage de B. Müller-Hill, *Science nazie, science de mort*, Paris, Odile Jacob, 1989. Voir aussi *La Science pour le Troisième Reich*, sous la direction de J. Olff-Nathan, Paris, Seuil, 1993.
19. On lira aussi l'excellent commentaire d'Alain Rollat, « Nota bene » dans *Le Monde* du 29-30 septembre 1996. Il y écrit notamment : « Argumenter sur la diversité des races, au nom de la rigueur scientifique, pour prouver l'égalité des hommes, c'est déjà admettre que cette égalité peut être sujette à discussion. »
20. A. Kahn (avec Fabrice Papillon), *Copies conformes, Le clonage en question*, Paris, Nil éditions, 1998.

Chapitre IV : LA FASCINATION DES ONDES

1. L'article de Davenas *et al.*, *Nature, 333*, 1988, 816-818, est assorti de deux commentaires des éditeurs, p. 787 et 818.

2. *Nature, 334*, 1988, 375, et *Nature, 334*, 1988, 559. Un article beaucoup plus détaillé mais lui aussi négatif fut publié plus tardivement (Hirst *et al.*, *Nature, 366*, 1993, 525-527).
3. J. Maddox, J. Randi et W. Stewart, *Nature, 334*, 1988, 287-290.
4. *Nature, 334*, 1988, 291 ; *353*, 1991, 787 ; *370*, 1994, 322.
5. On trouvera quelques détails sur les tentatives de vérification effectuées par G. Charpak, avec la collaboration du Pr Hennion, dans *Science et Vie*, n° 955, avril 1997, p. 77-85.
6. *New Scientist*, 26 mai 1994.
7. Brevet français n° 92-06765, juin 1992, déposé par J. Sterheimer qui décrit un « procédé de régulation épigénétique de la synthèse protéique ».
8. *Le Monde*, 21 janvier 1997.
9. *Le Monde*, 8 février 1997.
10. *La Recherche*, n° 300, juillet-août 1997, p. 120.

Chapitre V : RUMEURS SUR LA VACCINATION CONTRE L'HÉPATITE B

1. *Rapport sur la santé dans le monde* publié par l'OMS en 1996. Voir aussi L. Garrett, *The Coming Plague*, New York, Farrar, Straus and Giroux, 1996.
2. Rapport annuel de l'ONU, 1997.
3. Bégué *et al.*, *La Revue du praticien*, p. 133, 1997.
4. Herroclen *et al.*, *Lancet*, 1174-1175, 338, 1991. D'autres rapports sur d'autres pathologies ont aussi été publiés.
5. *Le Monde*, 5 décembre 1996.
6. Voir J. Skomska-Godefroy, « La résistance contemporaine à la vaccination : le cas français », *L'Aventure de la vaccination*, sous la direction d'A.-M. Moulin, Paris, Fayard, 1996, p. 423-437.
7. Au prix d'un nombre important d'accidents de vaccination. *Cf.* A.-M. Moulin, *op. cit.* Voir aussi la note de la p. 22 ci-dessus.
8. *Ibid.*, p. 32.

Chapitre VI : LE DRAME DU SANG CONTAMINÉ

1. Il existe une source très riche et très intéressante de faits et de témoignages sur le drame du sang contaminé dans laquelle je puiserai à plusieurs reprises. L'Assemblée nationale avait mandaté une commission d'enquête, présidée par B. Derosier, qui a rendu son rapport (n° 3252), rédigé par J.-Y. Le Déaut, le 4 février 1993. Ce rapport, de plusieurs centaines de pages, fait état, notamment, des auditions, *sous serment*, d'une cinquantaine de témoins ou d'acteurs clés du drame du sang contaminé. Il est intitulé : *Rapport sur l'état des connaissances scientifiques et les actions menées à l'égard de la transmission du sida au cours des dix dernières années en France et à l'étranger*. J'y ferai référence comme *Rapport Assemblée nationale de 1993*. Le rapport n° 406 de la Commission d'enquête du Sénat, remis le 11 juin 1992, constitue une autre source, moins détaillée et plus « interprétée ».
2. On se rapportera notamment à l'excellent ouvrage de M. Setbon, *Pouvoirs contre sida*, Paris, Seuil, 1993.
3. On pourra consulter sur ce point : *Stratégie pour une politique de santé, rapport au ministre de la Santé et de l'Action humanitaire*, élaboré par le Haut Comité de la santé publique, ENSP éditeur, 1993.

4. M. Setbon, *op. cit.* Voir aussi un article du même auteur dans *La Recherche, 24,* 1993, p. 624-627.

5. Notamment, A.-M. Casteret, *op. cit.*

6. Initialement publiées dans un article de J. Crewdson du *Chicago Tribune,* le 19 novembre 1989.

7. Voir l'article de Bernadine Healy, ex-directrice des National Institutes of Health (dont dépend le National Cancer Institute où travaillait R. Gallo), *The New York Times,* 3 juillet 1996.

8. Voir, par exemple, *Le Monde* du 24 mars 1990.

9. Cette période est analysée de façon détaillée par J. Strazzulla, *Le Sida, 1981-1985,* Paris, La Documentation Française, 1993.

10. *Le Figaro,* 22 mars 1983 ; *Le Monde* du 23 mars 1983 ; voir aussi *Le Quotidien du Médecin,* 4 mai 1983.

11. *Libération,* 20-21 octobre 1984.

12. Champagne et Marchetti, « L'information médicale sous contrainte », *Actes de la recherche en sciences sociales,* 1994, p. 40-62.

Chapitre VII : ANALYSE DE LA RAISON MÉDIATIQUE

1. *L'Odyssée,* livre XII, vers 184-192, dans la très belle traduction de P. Jaccottet, Paris, François Maspero, 1982.

2. Par exemple, Albert Du Roy, *Le Serment de Théophraste, l'examen de conscience d'un journaliste,* Paris, Flammarion, 1992.

3. Roland Cayrol, *Médias et Démocratie, la dérive,* Paris, Presses de la Fondation nationale des sciences politiques, 1997.

4. Henri Pigeat, *Médias et Déontologie. Règles du jeu ou jeu sans règle,* Paris, PUF, 1997.

5. Karl Popper, *La Télévision, un danger pour la démocratie,* Paris, Anatolia Éditions, 1996.

6. J. Mouriquand, *op. cit.,* p. 13.

7. H. Pigeat, *op. cit.,* p. 23-24.

8. *Ibid.,* p. 26.

9. P. Bourdieu, *Sur la télévision,* Paris, Liber Éditions, 1997, p. 17.

10. P. Cornu, *Éthique de l'information,* Paris, PUF, « Que sais-je ? », p. 61-62, 1997.

11. R. Cayrol, *op. cit.,* p. 18-19.

12. J. Mouriquand, *op. cit.,* p. 28-30.

13. H. Pigeat, *op. cit.,* p. 28.

14. P. Bourdieu, *op. cit.,* p. 54.

15. R. Cayrol, *op. cit.,* p. 21.

16. Karl Popper, *op. cit.,* p. 36-37.

17. Cité par R. Cayrol, *op. cit.,* p. 9-10. *Cf.* aussi *Le Monde* du 2-3 avril 1995.

18. On en trouvera un inventaire dans H. Pigeat, *op. cit.,* p. 159.

19. Voir, par exemple, « Le prix de l'indépendance » de J.-M. Colombani dans *Le Monde* du 31 janvier 1997.

20. D. Cornu, *op. cit.,* p. 100-103.

21. On pourra lire, par exemple, une autocritique, relative, de la revue *Nature,* publiée dans *La Recherche,* n° 300, 1997.

22. Agence France-Presse, *Manuel de l'agencier,* Paris, 1982.

23. F. Balle, *op. cit.*
24. D. Cornu, *op. cit.*, p. 98, 109, 118.
25. *Cf.* l'article de Bruce Lewenstein dans *La Science populaire dans la presse et l'édition. XIXe et XXe siècles*, sous la direction de Bernadette Bensaud-Vincent et Anne Rasmussen, Paris, CNRS Éditions, 1997.

Chapitre VIII : INNOVATION ET GESTION DES RISQUES

1. *La Science populaire dans la presse et l'édition – XIXe et XXe siècles, op. cit.*
2. Maîtriser la science, appel collectif publié par *Le Monde*, 19 mars 1988, et *Nature*, *333*, 1988, 390.
3. Monette Vaquin dans *Le Magasin des enfants*, *op. cit.*, p. 412 et 414.
4. J. Testart, *L'Œuf transparent*, Paris, Flammarion, « Champs », 1986, p. 157 et 162.
5. H. Jonas, *Le Principe Responsabilité*, Paris, Cerf, 1990, p. 192-193 pour la traduction française. L'ouvrage original a été publié en Allemagne en 1979.
6. F. Jacob, *La Souris, la Mouche et l'Homme*, Paris, Odile Jacob, 1997, p. 180.
7. D. Lecourt, *Prométhée, Faust, Frankenstein, fondements imaginaires de l'éthique*, Paris, Les Empêcheurs de penser en rond, Synthélabo, 1996, p. 152-153.
8. H. Jonas, *op. cit.*
9. Voir sur ce point l'analyse pertinente de L. Sève, *op. cit.*
10. Comme l'illustre, par exemple, la longue série d'éléments historiques et scientifiques venant en contradiction de l'interprétation littérale de certains points des Évangiles (rassemblés dans *Corpus Christi*, G. Mordillat et J. Prieur, Éd. Mille et une Nuits, Arte, 1997).
11. P. Lagadec, *La Civilisation du risque – catastrophes technologiques et responsabilité sociale*, Paris, Seuil, 1981.
12. D. Lecourt dans *Critique de l'Appel de Heidelberg* infra *Contre la peur*, Paris, Hachette, Pluriel, 1990, L. Seve, *op. cit.*
13. J.-J. Salomon, *Le Destin technologique*, Paris, Balland, 1992, p. 307-311.
14. M.-A. Hermitte, *op. cit.*, p. 18 et 344.
15. *Cf.* chapitre VI.
16. *Op. cit.*, p. 18.
17. F. Ewald, *Histoire de l'État-providence*, Paris, Grasset, 1986, 1996.
18. F. Ewald, « Philosophie de la précaution », *L'Année sociologique*, n° 46, 1996, p. 383-412.
19. *Les Artisans de l'hérédité*, postface, Paris, Odile Jacob-Points, 1990.
20. M.-A. Hermitte, *op. cit.*, p. 299.
21. F. Ewald, « La véritable nature du risque de développement et sa garantie », *Risques*, n° 14, avril-juin 1993, p. 9-47.

Conclusion : LA SCIENCE EN PARTAGE

1. J. Habermas, « Progrès technique et monde vécu social », dans *La Technique et la Science comme « idéologie »*, Paris, Gallimard, 1973, pour la traduction française.
2. J.-J. Salomon, *op. cit.*, p. 23.
3. J. Habermas, *Morale et Communication*, Paris, Cerf, 1983-1986, *De l'éthique de la discussion*, Paris, Cerf, 1991-1992.
4. J. Habermas, *La Technique et la Science comme « idéologie »*, *op. cit.*, p. 93.
5. C'est, en un sens, le débat réouvert de façon provocante par A. Sokal. Voir A. Sokal et J. Bricmont, *Impostures intellectuelles*, Paris, Odile Jacob, 1997.
6. Voir, par exemple, M. Denton, *L'évolution a-t-elle un sens ?*, Paris, Fayard, 1997.
7. Voir, entre autres, P.-G. de Gennes et J. Badoz, *Les Objets fragiles*, Paris, Pocket, n° 10039.

TABLE

CET OUVRAGE A ÉTÉ TRANSCODÉ
ET ACHEVÉ D'IMPRIMER SUR ROTO-PAGE
PAR L'IMPRIMERIE FLOCH À MAYENNE
EN AVRIL 1998

N° d'impression : 43113.
N° d'édition : 7381-0585-X.
Dépôt légal : avril 1998.

Imprimé en France.